数字媒体技术与动画制作研究

刘晶鑫 ◎ 著

吉林出版集团股份有限公司

图书在版编目（CIP）数据

数字媒体技术与动画制作研究 / 刘晶鑫著. -- 长春:吉林出版集团股份有限公司，2023.10
ISBN 978-7-5534-9974-1

Ⅰ. ①数… Ⅱ. ①刘… Ⅲ. ①数字技术－多媒体技术－研究②动画制作软件－研究 Ⅳ. ①TP37②TP391.414

中国国家版本馆 CIP 数据核字（2023）第 191433 号

数字媒体技术与动画制作研究

SHUZI MEITI JISHU YU DONGHUA ZHIZUO YANJIU

著　　者　刘晶鑫
出版策划　崔文辉
责任编辑　李易媛
封面设计　文　一
出　　版　吉林出版集团股份有限公司
（长春市福祉大路 5788 号，邮政编码：130118）
发　　行　吉林出版集团译文图书经营有限公司
（http://shop34896900.taobao.com）
电　　话　总编办：0431-81629909　营销部：0431-81629880/81629900
印　　刷　廊坊市广阳区九洲印刷厂
开　　本　710mm×1000mm　1/16
字　　数　250 千字
印　　张　14
版　　次　2023 年 10 月第 1 版
印　　次　2024 年 1 月第 1 次印刷
书　　号　ISBN 978-7-5534-9974-1
定　　价　78.00 元

前　言

随着科技的迅速发展和全球信息化的浪潮，数字媒体技术与动画制作已经成为当今社会中不可或缺的一部分。这两个领域的融合和发展为我们带来了前所未有的机会和挑战。

数字媒体技术已经彻底改变了我们生活和工作的方式。从互联网和社交媒体的兴起到虚拟现实和增强现实技术的应用，数字媒体技术已经深刻地改变了我们与世界互动的方式。在这个数字时代，信息可以以前所未有的速度传播，而数字媒体技术是这一现象的推动力量之一。同时，数字媒体技术也为娱乐、教育、医疗保健、广告等各个领域带来了新的机遇，这些机遇需要创新的数字内容和媒体制作。

动画制作作为数字媒体技术的一个重要应用领域，也经历了巨大的变革。从传统的手绘动画到计算机生成图形（CGI）动画，动画制作已经成为一门融合艺术、技术和创新的复杂学科。动画不仅仅用于电影和电视节目制作，还广泛应用于游戏开发、虚拟现实、广告、教育等领域。数字媒体技术的不断进步为动画制作提供了更多的工具和技术，使得动画制作变得更加精彩和多样化。

在未来，数字媒体技术与动画制作将继续发展和演变。随着人工智能、区块链和 5G 等新兴技术的应用，我们可以预见到更多的创新和可能性。虚拟现实和增强现实技术将更加普及，创造更多的沉浸式体验。同时，数字媒体技术与动画制作也将继续影响我们的文化、娱乐和社会。

本书旨在深入研究数字媒体技术与动画制作之间的关系，并探讨它们在各个领域中的应用和影响。我们将通过分析实际案例、调查研究和专家访谈等方法，来深入了解这两个领域的互动关系和发展趋势。同时，我们也将关注技术、艺术、市场和教育等多个层面，以全面理解数字媒体技术与动画制作的复杂性和多样性。

最后，我们希望本书能够为学术界、产业界和政策制定者提供有价值的见解和建议。我们相信数字媒体技术与动画制作的融合不仅将推动这两个领域的发展，还将影响我们的生活和文化。通过深入研究和讨论，我们可以更好地把握机遇，解决挑战，共同塑造数字时代的未来。

目 录

第一章 数字媒体技术概述

数字媒体是一个应用领域很广的新兴学科，是以信息科学和数字技术为主导，以大众传播理论为依据，以现代艺术为指导，将信息传播技术应用到文化、艺术、商业、教育和管理领域的科学与艺术高度融合的综合交叉学科。数字媒体包括文字、图形、图像、音频、视频以及计算机动画等各种形式，其传播形式和传播内容都采用数字化过程，即信息的采集、存取、加工和分发的数字化过程。在当今无处不数字的读屏时代，数字媒体是信息社会最为广泛的信息载体之一，渗透到人们工作、学习和生活的方方面面。

第一节 数字媒体的基本概念

一、媒体

在信息社会中，信息的表现形式多种多样，人们把这些表现形式称为媒体。在计算机技术领域中，媒体（Medium，其复数形式是 Media）是指信息传递和存储的最基本的技术和手段。媒体包括两个方面的含义：一方面是指存储信息的实体，如光盘、磁带等，即人们常说的媒质；另一方面是指传递信息的载体，如文字、图像、图形、声音、影视等，即人们常说的媒介。

按照 ITU（International Telecommunication Union，国际电信联盟）标准的定义，媒体可分为下列五种：

①感觉媒体（Perception Medium）。指能直接作用于人的感官，使人产生感觉的一类媒体，如人们所看到的文字、图像、图形和听到的声音等。

②表示媒体（Representation Medium）。指为了有效地加工、处理和传输感觉媒体而人为地研究和构造出来的一种媒体，如文本编码、语言编码、静态和活动图像编码等。

③显示媒体（Presentation Medium）。指感觉媒体与用于通信的电信号之间转换用的一类媒体，即获取信息或显示信息的物理设备，可分为输入显示媒体和输出显示媒体。键盘、鼠标、麦克风、摄像机、扫描仪等属于输入显示媒体，显示器、打印机、音箱、投影仪等属于输出显示媒体。

④存储媒体（Storage Medium）。指用于存放数字化的、表示媒体的存储介质，如光盘、磁带等。

⑤传输媒体（Transmission Medium）。指用来将表示媒体从一处传递到另一处的物理传输介质，如同轴电缆、双绞线、光缆、电磁波等。

二、数字媒体及特性

（一）数字媒体的定义

在人类社会中，信息的表现形式多种多样。用计算机记录和传播信息的一个重要特征是：信息的最小单元是二进制的比特（bit），任何在计算机中存储和传播的信息都可分解为一系列 0 或 1 的排列组合。因此，把通过计算机存储、处理和传播的信息媒体称为数字媒体（Digital Media）。数字媒体具有数字化特征和媒体特征，有别于传统媒体；数字媒体不仅在于内容的数字化，更在于其传播手段的网络化。

（二）数字媒体的特性

数字媒体的应用不仅仅局限于媒体行业，它已广泛应用于零售业的市场推广、一对一销售，医疗行业的诊断图像管理，制造业的资料管理，政府机构的视频监督管理，教育行业的多媒体教学和远程教学，电信行业中无线内容的分发，金融行业的客户服务，以及家庭生活中的娱乐和游戏等多个领域。

根据香农 - 韦弗传播模型，数字媒体技术是实现媒体的表示、记录、处理、存储、传输、显示、管理等各个环节的硬件和软件技术。数字媒体技术具有数字化、集成性、交互性、艺术性和趣味性等特性。

1. 数字化

数字化是计算机技术的根本特性，作为计算机技术的重要应用领域，数字媒体以比特的形式通过计算机进行存储、处理和传播。比特是一种存在的状态：开或关、真或假、高或低、黑或白，都可以用 0 或 1 来表示。比特易于复制，可以快速传播和重复使用，不同媒体之间可以相互混合。比特可以用来表现文字、图像、图形、动画、影视、语音及音乐等信息。

2. 集成性

数字媒体技术是建立在数字化处理的基础上，结合文字、图像、图形、影像、声音、动画等各种媒体的一种应用。数字媒体的集成性主要表现在两个方面：数字媒体信息载体的集成和数字媒体信息设备的集成。数字媒体信息载体的集成是指将文字、图像、图形、声音、影视、动画等信息集成在一起综合处理，包括信息的多通道统一获取、数字媒体信息的统一存储与组织、数字媒体信息表现合成等各方面；而数字媒体信息设备的集成则包括计算机系统、存储设备、音响设备、影视设备等的集成，是指将各种媒体在各种设备上有机地组织在一起，形成数字媒体系统，从而实现声音、文字、图形、图像的一体化处理。

3. 交互性

交互性是数字媒体技术的关键特性，它向用户提供更加有效的控制和使用信息的手段，可以增加对信息的注意和理解，延长信息的保留时间，使人们获取信息和使用信息的方式由被动变为主动。人们可以根据需要对数字媒体系统进行控制、选择、检索和参与数字媒体信息的播放与节目的组织，而不再像传统的电视机，只能被动地接收编排好的节目。交互性的特点使人们有了使用和控制数字媒体信息的手段，并借助这种交互式的沟通达到交流、咨询和学习的目的，也为数字媒体的应用开辟了广阔的领域。目前，交互的主要方式是通过观察屏幕的显示信息，利用鼠标、键盘或触摸屏等输入设备对屏幕的信息进行选择，达到人机对话的目的。随着信息处理技术和通信技术的发展，还可以通过语音输入、网络通信控制等手段来进行交互。计算机的“人机交互作用”是数字媒体的一个显著特点，数字媒体就是以网络或者信息终端为介质的互动传播媒介。

4. 艺术性

计算机的发展与普及使信息技术离开了纯粹技术的需要，数字媒体传播需要信息技术与人文艺术的融合。在开发数字媒体产品时，技术专家要负责技术规划，艺术家/设计师要负责所有可视内容，清楚观众的欣赏要求。

5. 趣味性

互联网、交互式网络电视（IPTV）、数字游戏、数字电视、移动流媒体等为人们提供了宽广的娱乐空间，使媒体的趣味性真正体现出来。观众可以参与电视互动节目，观看体育赛事时可以选择多个视角，从浩瀚的数字内容库中搜索并观看电影和电视节目，分享图片和家庭录像，浏览高品质的内容。

三、数字媒体的分类

数字媒体的分类形式多样，人们从不同的角度对数字媒体进行了不同种类的划分。从实体角度看，数字媒体包括文字、数字图片、数字音频、数字视频、数字动画；从载体角度看，数字媒体包括数字图书报刊、数字广播、数字电视、数字电影、计算机及网络；从传播要素看，数字媒体包括数字媒体内容、数字媒体机构、数字存储媒体、数字传输媒体、数字接收媒体。一般将数字存储媒体、数字传输媒体、数字接收媒体统称为数字媒介，数字媒体机构称为数字传媒，数字媒体内容称为数字信息。

从数字媒体定义的角度来看，可从以下三个维度进行分类。

①按时间属性划分，数字媒体可分为静止媒体（Still Media）和连续媒体（Continue Media）。静止媒体是指内容不随时间而变化的数字媒体，如文本和图片。连续媒体是指内容随时间而变化的数字媒体，如音频、视频和虚拟图像等。

②按来源属性划分，数字媒体可分为自然媒体（Natural Media）和合成媒体（Synthetic Media）。自然媒体是指客观世界存在的景物、声音等，经过专门的设备进行数字化和编码处理后得到的数字媒体，如数码相机拍摄的照片、数码摄像机拍摄的影像等；合成媒体是指以计算机为工具，采用特定符号、语言或算法表示的由计算机生成（合成）的文本、音乐、语音、图像和动画等，如用3D制作软件制作出来的动画角色。

③按组成元素划分，数字媒体可分为单一媒体（Single Media）和多媒体（Multi Media）。顾名思义，单一媒体是指单一信息载体组成的载体，多媒体则是指多种信息载体的表现形式和传递方式。简单来讲，数字媒体一般是指多媒体，是由数字技术支持的信息传输载体，其表现形式更复杂、更具视觉冲击力、更具互动特性。

四、数字媒体的传播模式

数字媒体通过计算机和网络进行信息传播，将改变传统的大众传播中传播者和受众的关系以及信息的组成、结构、传播过程、方式和效果。数字媒体传播模式主要包括大众传播模式、媒体信息传播模式、数字媒体传播模式和超媒体传播模式等。信息技术的革命和发展不断地改变着人们的学习方式、工作方式和娱乐方式。

大众传播媒体是一对多的传播过程，由一个媒介出发到达大量的受众。数字媒体的大众传播，使得无论何种媒体信息，如文本、图像、图形、声音或视频，都要通过编码后转换成比特。

1949 年，信息论创始人、贝尔实验室的数学家香农与韦弗一起提出了传播模式。一个完整的信息传播过程应包括信息来源（Source）、编码器（Encoder）、信息（Message）、通道（Channel）、解码器（Decoder）和接收器（Receiver）。其中，“通道”就是香农对媒介的定义，包括铜线、同轴电缆等。

数字媒体系统完全遵循信息论的通信模式。从通信技术上看，它主要由计算机和网络构成。它在传播应用方面比传统的大众传播具有更独特的优势。在数字媒体传播模式中，信源和信宿都是计算机。因此，信源和信宿的位置是可以随时互换的。这与传统的大众传播如报纸、广播、电视等相比，有深刻的变化。

范德比尔大学的两位工商管理教授霍夫曼与纳瓦克提出了超媒体的概念。霍夫曼认为以计算机为媒介的超媒体传播方式延伸成多人的互动沟通模式；传播者 F（Firm）与消费者 C（Consumer）之间的信息传递是双向互动、非线性、多途径的过程。超媒体整合全球互联网环境平台的电子媒体，包括存取该网络所需的各项软硬件。此媒体可达到个人或企业二者彼此以互动方式存取媒体内容，并通过媒体进行沟通。超媒体传播理论是学者第一次从传播学的角度研究互联网等新型媒介，得到了国际网络传播学研究者的重视。

第二节　数字媒体技术的内涵

一、多媒体技术

传统的媒体主要包括广播、电视、报纸、杂志等，随着计算机技术的发展，在传统媒体的基础上，逐渐衍生出新的媒体，如IPTV、电子杂志等。计算机逐渐成为信息社会的核心技术，基于计算机的多媒体技术得到了人们越来越多的关注和应用。

一般来说，多媒体被理解为多种媒体的综合，但并不是各种媒体的简单叠加，而是代表数字控制和数字媒体的汇合。多媒体技术是一种把文本、图像、图形、声音、视频、动画等多种信息类型综合在一起，并通过计算机进行综合处理和控制，能支持完成一系列交互式操作的信息技术。多媒体技术主要具备以下四个特点。

（一）多样性

多样性主要体现在信息采集或生成、传输、存储、处理和显现的过程中，要涉及多种感觉媒体、表示媒体、显示媒体、存储媒体和传输媒体，或者多个信源、信宿的交互作用。

（二）集成性

多媒体技术是多种媒体的有机集成，集文字、图像、图形、音频、视频等多种媒体信息及设备于一体。

（三）交互性

真正意义上的多媒体具有与用户之间的交互作用，即可以做到人机对话，用户可以对信息进行选择和控制。

（四）实时性

实时性是在多媒体系统中的多种媒体之间，无论在时间上还是在空间上都存在紧密的联系，是具有同步性和协调性的群体。

二、数字媒体艺术

数字媒体艺术是随着20世纪末数字技术与艺术设计相结合的趋势而形成的一个跨自然科学、社会科学和人文科学的综合性学科，集中体现了“科学、艺术和人文”的理念。该领域目前属于交叉学科领域，涉及造型艺术、艺术设计、交互设计、数字图像处理技术、计算机语言、计算机图形学、信息与通信技术等方面的知识。这一术语中的数字反映其科技基础，媒体强调其立足于传媒行业，艺术则明确其所针对的是艺术作品创作和数字产品的艺术设计等应用领域。

作为一个新的交叉学科和艺术创新领域，一般是指以“数字”作为媒介素材，通过运用数字技术来进行创作，具有一定独立审美价值的艺术形式或艺术过程，是一种在创作、承载、传播、鉴赏与批评等艺术行为方式上推陈出新、颠覆传统艺术的创作手段、承载媒介和传播途径，进而在艺术审美的感觉、体验和思维等方面产生深刻变革的新型艺术形态。数字媒体艺术是一种真正的技术类艺术，是建立在技术的基础上并以技术为核心的新艺术，以具有交互性和使用网络媒体为基本特征。

数字媒体艺术融合多种学科元素，并且技术与艺术的融合，使得技术与艺术间的边界逐渐消失，在数字艺术作品中技术的成分变得越来越重要，其主要特征表现在以下六个方面。

（一）数字化的创作和表达方式

数字媒体艺术的创作工具或展示手段都离不开计算机技术。计算机软件是数字媒体艺术的创作工具，而计算机硬件和投影设备则是数字媒体艺术的展示手段。

（二）多感官的信息传播途径

数字媒体艺术的多感官传播途径不是机械地掺和人体感受，而是在融合中保留各个感官的差异性，并力图实现多种感受的同一性和多元化的审美原则。

（三）数字媒体艺术的交互性和偶发性

数字媒体艺术因其交互特征具有偶发性，这种不确定的方式不仅改变了以往静态作品一成不变的局面，增强了艺术的多样性，而且对界面上的交流与沟通给予了更多的关注。互动特征给予观众更多的自由和权利，也给人们带来了切身的艺术体验和情感满足。

（四）数字媒体艺术的沉浸特征和超越时空性

沉浸感是与交互性同等地位的数字媒体艺术特征，它使人们在欣赏数字媒体艺术时不受时间和空间的限制。在数字媒体艺术中，用虚拟的内容替代实像，依然能够使人们有身临其境的真实感受。数字化的虚拟现实技术拓宽了艺术家的视野，使艺术的创作范围更为广泛，甚至可以超越时间或空间的限制进行创作。

（五）新媒体艺术的创作走向大众化

传统的艺术家需要有扎实的艺术功底和与众不同的创作风格，但是新媒体艺术的产生使艺术创作日益走向大众化。以摄影艺术为例，传统暗房技术的掌握需要经过长期训练并要求对光的运用有很好的把握，修片工作需要艺术家对前期拍摄的底片进行二次创作，这是一种具有独创性的创作方式，但随着数码摄影技术的成熟，以及数码相机的普及，摄影艺术开始在大众范围内广泛传播。Photoshop 软件通过其预置模式，能够轻松实现传统暗房的效果，使摄影艺术变得不再神秘。数字媒体艺术成为大众化的艺术形式使得非专业人士也可以参与艺术创作，艺术不再是少数人的舞台。

（六）数字媒体技术的重要性凸显

艺术的实现往往需要技术作为支撑，但是在传统艺术强大的感染力下，技术成了不被重视的一部分。随着科学的发展以及数字媒体艺术的诞生，两者的关系开始变得越发密切。因此，艺术对技术的依赖性变得越发明显，技术成为完成一件艺术作品必不可少的部分。

三、数字媒体技术

数字媒体技术是一项应用广泛的综合技术，主要研究文字、图像、图形、音频、视频以及动画等数字媒体的捕获、加工、存储、传递、再现及其相关技术，具有高增值、强辐射、低消耗、广就业、软渗透的属性。基于信息可视化理论的可视媒体技术还是许多重大应用需求的关键，如在军事模拟仿真与决策等形式的数字媒体（技术）产业中有强大需求。数字媒体涉及的技术范围广、技术新、研究内容深，是多种学科和多种技术交叉的领域，其主要技术范畴包括以下九个方面。

①数字声音处理。包括音频及其传统技术（记录、编辑技术）、音频的数字化技术（采样、量化、编码）、数字音频的编辑技术、语音编码技术（如 PCM、DA、ADM）。数字音频技术可应用于个人娱乐、专业制作和数字广播等。

②数字图像处理。包括数字图像的计算机表示方法（位图、矢量图等）、数字图像的获取技术、图像的编辑与创意设计。常用的图像处理软件有 Photoshop 等。数字图像处理技术可应用于家庭娱乐、数字排版、工业设计、企业徽标设计、漫画创作、动画原形设计和数字绘画创作。

③数字视频处理。包括数字视频及其基本编辑技术和后期特效处理技术。常用的视频处理软件有 Premiere 等。数字视频处理技术可应用于个人、家庭影像记录及电视节目制作和网络新闻。

④数字动画设计。包括动画的基本原理、动画设计基础（包括构思、剧本、情节链图片、模板与角色、背景、配乐）、数字二维动画技术、数字三维动画技术、数字动画的设计与创意。常用的动画设计软件有 3ds Max、Flash 等。数字动画可用于少儿电视节目制作、动画电影制作、电视节目后期特效包装、建筑和装潢设计、工业计算机辅助设计、教学课件制作等。

⑤数字游戏设计。包括游戏设计相关软件技术（DirectX、OpenGL、Director 等）、游戏设计与创意。

⑥数字媒体压缩。包括数字媒体压缩技术及分类、通用的数据压缩技术（行程编码、字典编码、熵编码等）、数字媒体压缩标准，如用于声音的 MP3 和 MP4，用于图像的 JPEG，用于运动图像的 MPEG。

⑦数字媒体存储。包括内存储器、外存储器和光盘存储器等。

⑧数字媒体管理与保护。包括数字媒体的数据管理、媒体存储模型及应用、数字媒体版权保护概念与框架、数字版权保护技术，如加密技术、数字水印技术和权利描述语言等。

⑨数字媒体传输技术。包括流媒体传输技术、P2P 技术、IPTV 技术等。

第三节　数字媒体关键技术

以计算机技术、网络技术与文化产业相融合而产生的数字媒体产业，即文化创意产业，正在世界范围内快速成长。数字媒体产业的迅猛发展，得益于数字媒体技术不断突破产生的引领和支撑。数字媒体技术是数字媒体产业的发动机，它融合了数字信息处理技术、计算机技术、数字通信和网络技术等的交叉学科和技术领域。同时，数字媒体技术是通过现代计算和通信手段，综合处理文字、图像、图形、音频和视频等信息，使这些抽象的信息转化成可感知、可管理和可交互的一种技术。

数字媒体技术主要研究数字媒体信息的获取、处理、存储、传播、管理、安全、输出等理论、方法、技术与系统。它是包括计算机技术、通信技术和信息处理技术等各类信息技术的综合应用技术，所涉及的关键技术及内容主要包括数字媒体信息的获取与输出技术、数字媒体信息存储技术、数字媒体信息处理技术、数字媒体传播技术、数字媒体数据库技术、信息检索技术与信息安全技术等。另外，数字媒体技术还包括在这些关键技术基础上综合的技术。例如，基于数字传输技术和数字压缩处理技术且广泛应用于数字媒体网络传播的流媒体技术、基于计算机图形技术且广泛应用于数字娱乐产业的计算机动画技术，以及基于人机交互、计算机图形和显示等技术且广泛应用于娱乐、广播、展示与教育等领域的虚拟现实技术等。

一、数字媒体信息获取与输出技术

数字媒体信息获取是数字媒体信息处理的基础，其关键技术主要包括声音和图像等信息获取技术、人机交互技术等，其技术基础是现代传感技术。目前，传感技术发展的趋势是应用微电子技术、超高精密加工以及超导、光导与粉末等新材料，使新型传感器具有集成化、多功能化和智能化的特点。

数字媒体信息输入与获取的设备主要包括键盘、鼠标、光笔、跟踪球、触摸屏、语音输入和手写输入等输入与交互设备，以及适用于数字媒体不同内容与应用的其他输入和获取设备，如适用于图形绘制与输入的数字化仪，用于图像信息获取的数字相机、数字摄像机、扫描仪、视频采集系统等，用于语音和音频输入与合成的声音系统，以及用于运动数据采集与交互的数据手套、运动捕捉衣等。

数字媒体信息的输出技术是将数字信息转化为人们可感知的信息，其主要目的是为人们提供更丰富、人性化和交互的数字媒体内容界面。主要技术包括显示技术、硬拷贝技术、声音系统，以及用于虚拟现实技术的三维显示技术等，且各种数字存储媒介也是数字媒体内容输出的载体，如光盘和各类数字出版物等。显示技术是发展最快的领域之一，平板高清显示器已成为一种趋势和主流。三维显示技术也得到长足的进步，取得了突破性进展，目前最新的数据显示技术已经能够实现真三维的立体显示。

由于数字媒体最显著的特点是交互性，很多技术与设备都融合了信息的输入与输出技术。例如，数据手套、运动捕捉衣和显示头盔，既是运动数据与指令的输入设备，又是感知反馈的输出设备。

二、数字媒体存储技术

由于数字媒体信息的数据量一般都非常大，并且具有并发性和实时性，它对计算速度、性能及数据存储的要求非常高，因此，数字媒体存储技术要考虑存储介质和存储策略等问题。数字媒体存储技术对存储容量、传输速度等性能指标的高标准和高要求，促进了数字媒体存储媒介以及相关控制技术、接口标准、机械结构等方面的技术飞速发展，高存储容量和高速度存储新产品也在不断涌现，并得到广泛的应用，进一步促进了数字媒体技术及其应用的发展。

目前，在数字媒体领域中占主流地位的存储技术主要是磁存储技术、光存储技术和半导体存储技术。

磁存储技术的应用历史较长，非常成熟。由于磁存储技术的记录性能优异、应用灵活、价格低廉，在技术上具有相当大的发展潜力，其存储容量和存取速度也越来越高，仍是数字媒体存储技术中不可替代的存储媒介。目前，应用于数字媒体的磁存储技术主要有硬盘和硬盘阵列等。特别是移动硬盘的出现，解决了磁盘的存储量、可靠性、读写速度、携带方便等因素的矛盾，移动硬盘是数字媒体的理想存储介质。

光存储技术以其标准化、容量大、寿命长、工作稳定可靠、体积小、单位价格低及应用多样化等特点，成为数字媒体信息的重要载体。蓝光存储技术的出现，使得光存储的容量成倍增加，在用作高清晰数字音像记录设备和计算机外存储器等方面具有广阔的应用前景。

半导体存储技术的应用领域非常广泛，种类繁多。目前，在数字媒体（特别是移动数字媒体）中，普遍使用的半导体存储技术是闪存技术及其可移动闪存卡，其发展的趋势是存储器体积越来越小，而存储容量越来越大。

三、数字媒体信息处理技术

数字媒体信息处理是数字媒体应用的关键，主要包括模拟信息的数字化、高效的压缩编码技术，以及数字信息的特征提取、分类与识别等技术。在数字媒体中，最具代表性和复杂性的是声音与图像信息，相关的数字媒体信息处理技术的研发也是以数字音频处理技术和数字图像处理技术为主体。

数字音频处理技术是对模拟声音信号的数字化，通过取样、量化和编码将模拟信号转化为数字信号。由于数字化后未经压缩的音频信号数据量非常大，因此，需要根据音频信号的特性，主要是利用声音的时域冗余、频域冗余和听觉冗余对其数据进行压缩。数字音频压缩编码技术主要包括基于音频数据的统计特性的编码技术、基于音频的声学参数的编码技术和基于人的听觉特性的编码技术。典型的基于音频数据的统计特性的编码技术有波形编码技术等，典型的基于人的听觉特性的编码技术有感知编码技术等。例如，以 MPEG 和 Dolby AC-3 为代表的标准商用系统，其中广为应用的 MP3 文件是用 MPEG 标准对声音数据的三层压缩。

对于视觉信息则需要采用数字图像处理技术。与数字音频处理技术一样，自然界模拟的视觉信息也是通过取样、量化和编码转换成数字信号的。这些原始图像数据也需进行高效压缩，主要是利用其空间冗余、时间冗余、结构冗余、知识冗余和视觉冗余实现数据的压缩。目前，图像压缩编码方法大致可分为三类：一是基于图像数据统计特征的压缩方法，主要有统计编码、预测编码、变换编码、矢量量化编码、小波编码和神经网络编码等；二是基于人眼视觉特性的压缩方法，主要采用基于方向滤波的图像编码、基于图像轮廓和纹理的编码等；三是基于图像内容特征的压缩方法，主要采用分形编码和模型编码等，也是新一代高效图像压缩方法的发展趋势。

数字媒体编码技术发展的另一个重要方向就是综合现有的编码技术，制定统一的国际标准，使数字媒体信息系统具有普遍的可操作性和兼容性。数字语音处理技术是数字音频处理技术的一个重要的研究与应用领域，主要包括语音合成、语音增加和语音识别技术。同样，图像识别技术也是数字媒体系统中广泛应用的技术，特别是汉字识别技术和人类生理特征识别技术等。

四、数字媒体传播技术

数字媒体传播技术为数字媒体传播与信息交流提供了高速、高效的网络平台，也是数字媒体所具备的最显著特征。数字媒体传播技术全面应用和综合了现代通信技术和计算机网络技术，“无所不在”的网络环境是其最终目标，人们将不会意识到网络的存在，而能随时随地通过任何终端设备上网，并享受到各项数字媒体内容服务。

数字媒体传播技术主要包括两个方面：一是数字传输技术，主要是各类调制技术、差错控制技术、数字复用技术和多址技术等；二是网络技术，主要是公共通信网技术、计算机网络技术以及接入网技术等。具有代表性的现有通信网包括公众电话交换网（PSTN）、分组交换远程网（Packet Switch）、以太网（Ethernet）、光纤分布式数据接口（FDDI）、综合业务数字网（ISDN）、宽带综合业务数字网（B-ISDN）、异步传输模式（ATM）、同步数字体系（SDH）、无线和移动通信网等。另外两类网络是广播电视网和计算机网络。众多的信息传递方式在数字媒体传播网络内将合为一体。

IP 技术的广泛应用是数字媒体传播技术的发展趋势。IP 技术是综合业务的最佳方案，能将计算机网络、广播电视网和电信网融合为统一的宽带数据网或互联网。

NGN（Next Generation Network，下一代网络）是下一代网络技术的代表，是基于分组的网络，利用多种宽带能力和 QoS（Quality of Service，服务质量）保证的传送技术，支持通用移动性，其业务相关功能与其传送技术相互独立。NGN 是以软交换为核心，能够提供话音、视频、数据等数字媒体综合业务，采用开放、标准体系结构，能够提供丰富业务的网络。支撑 NGN 的关键技术主要是 IPv6、光纤高速传输、光交换与智能光网、宽带接入、城域网、软交换、IP 终端、网络安全等技术。

五、数字媒体数据库技术、信息检索技术与信息安全技术

数字媒体数据库技术、信息检索技术与信息安全技术是对数字媒体信息进行高效管理、存取和查询，以及确保信息安全性的关键技术。

数字媒体数据库是数字媒体技术与数据库技术相结合产生的一种新型的数据库。目前，数字媒体数据库研究的途径主要有：一是在数据库管理系统的基础上增加接口，以满足数字媒体应用的需求；二是建立基于一种或多种应用的专用数字媒体数据库；三是研究数据模型，建立通用的数字媒体数据库管理系统。其中，第三种途径是研究和发展的主流与趋势，但难度很大。

数字媒体信息资源的检索技术趋势是基于内容检索技术。基于内容检索技术突破了传统的基于文本检索技术的局限，直接对图像、视频、音频内容进行分析，抽取特征和语义，利用这些内容特征建立索引并进行检索。其基础技术包括图像处理、模式识别、计算机视觉和图像理解技术，是多种技术的合成。目前，基于内容的检索技术主要有基于内容的图像检索技术、基于内容的视频检索技术和基于内容的音频检索技术等。

基于高层语义信息的图像检索是最具利用价值的图像语义检索方式，开始成为众多研究者关注的热点。计算机视觉、数字图像处理和模式识别

技术，包括心理学、生物视觉模型等科学技术的新发展和综合运用，将推动图像检索和图像理解获得突破性进展。

数字媒体信息安全主要应用的技术是数字版权管理技术和数字信息保护技术。数字媒体信息安全的主要目的在于传输信息安全、知识产权保护和认证等。数字水印技术是目前信息安全技术领域的一个新方向，是一种有效的数字产品版权保护和认证来源及完整性的新型技术。数字水印技术是一个新兴的研究领域，还有许多未触及的研究课题，现有技术也需要改进和提高。

六、计算机图形与动画技术

图形是一种重要的信息表达与传递方式，因此，计算机图形技术几乎在所有的数字媒体内容及系统中都得到了广泛应用。计算机图形技术是利用计算机生成和处理图形的技术，主要包括图形输入技术、图形建模技术、图形处理与输出技术。

图形输入技术主要是将表示对象的图形输入计算机，并实现用户对物体及其图像内容、结构及呈现形式的控制，其关键技术是人机接口。图形用户界面是目前最普遍的用户图形输入方式，手绘/笔迹输入、多通道用户界面和基于图像的绘制正成为图形输入的新方式。图形建模技术是用计算机表示和存储图形的对象建模技术。线条、曲面、实体和特征等造型是目前最常用的技术，主要用于欧氏几何方法描述的形状建模。对于不规则对象的造型则需要非流形造型、分形造型、纹理映射、粒子系统和基于物理造型等技术。图形处理与输出技术是在显示设备上显示图形，主要包括图元扫描和填充等生成处理、图形变换、投影和裁剪等操作处理及线面消隐、光照等效果处理，以及改善图形显示质量的反走样处理等。

计算机能生成非常复杂的图形，即进行图形绘制。根据计算机绘制图形的特点，计算机图形技术可分为真实感图形绘制技术和非真实感（风格化）图形绘制技术。真实感图形绘制的目的是使绘制出来的物体形象尽可能地接近真实，看上去要与真实感照片几乎没有任何区别。非真实感图形绘制技术是指利用计算机来生成不具有照片般真实而具有手绘风格的图形技术。

计算机动画技术是以计算机图形技术为基础，综合运用艺术、数学、物理学、生命科学及人工智能等学科和领域的知识来研究客观存在或高度抽象的物体的运动表现形式。计算机动画经历了从二维到三维，从线框图到真实感图像，从逐帧动画到实时动画的过程。计算机动画技术主要包括关键帧动画、变形物体动画、过程动画、关节动画与人体动画、基于物理模型的动画等技术。目前，计算机动画的主要研究方向包括复杂物体造型技术、隐式曲面造型与动画、表演动画、三维变形和人工智能动画等。

七、人机交互技术

信息技术的高速发展对人类生产、生活带来了广泛而深刻的影响。作为信息技术的一个重要组成部分，人机交互技术已经引起许多国家的高度重视，成为21世纪信息领域亟待解决的重大课题。人机交互技术研究的内容十分广泛，涵盖了建模、设计、评估等理论和方法以及在Web界面设计、移动界面设计等方面的应用研究与开发。

人机交互（Human Computer Interaction，HCI）是指关于设计、评价和实现供人们使用的交互式计算机系统，且围绕这些方面的主要现象进行研究的科学。它主要是指用户与计算机系统之间的通信，即信息交换。这种信息交换可采用各种方式，如键盘上的击键、鼠标的移动、显示屏幕上的符号或图形等，也可用声音、姿势或身体的动作等方式。人机交互技术与认知心理学、人机工程学、多媒体技术和虚拟现实技术密切相关，主要研究人与计算机之间的信息交换。它主要包括人到计算机和计算机到人的信息交换。对于前者，人们可以借助键盘、鼠标、操纵杆、数据服装、眼动跟踪器、位置跟踪器、数据手套、压力笔等设备，用手、脚、声音、姿势或身体的动作、眼睛甚至脑电波等向计算机传递信息；对于后者，计算机通过打印机、绘图仪、显示器、头盔式显示器、音箱等输出或显示设备给人们提供信息。

八、虚拟现实技术

虚拟现实技术是直接来自应用的涉及许多相关学科的新的实用技术，是集计算机图形学、图像处理与模式识别、智能接口技术、人工智能、传感与测量技术、语音处理与音响技术、网络技术等为一体的综合集成技术，对计算机科学和数字媒体技术的发展具有重要作用。虚拟现实技术主要的研究内容与关键技术包括动态虚拟环境建模技术、实时三维图形生成技术、立体显示和传感器技术、应用系统开发工具和系统集成技术等。

动态虚拟环境的建立是虚拟现实技术的核心，其目的是获取实际环境的三维数据，并根据应用的需要建立相应的虚拟环境模型。目前的建模方法主要有几何方法、分形方法、基于物理的造型、基于图像的绘制和混合建模技术，而基于图像的绘制技术是未来的发展方向。实时三维图形生成技术已经较为成熟，关键是实现实时生成。应在不降低图形质量和复杂程度的前提下，尽可能提高刷新频率。虚拟现实技术的交互能力依赖于立体显示和传感器技术的发展，如大视场双眼体视显示技术、头部六自由度运动跟踪技术、手势识别技术、立体声输入输出技术、语音的合成与识别技术，以及触摸反馈和力量反馈技术等。虚拟现实技术应用的关键是寻找合适的场合和对象，必须研究虚拟现实的应用系统开发工具，如虚拟现实系统开发平台、分布式虚拟现实技术等。系统集成技术包括信息同步技术、模型标定技术、数据转换技术、数据管理模型、识别与合成技术等。

虚拟现实技术作为一种新技术，它将在很大程度上改变人们的思维方式，甚至会改变人们对世界、自身、空间和时间的看法。提高虚拟现实系统的交互性、逼真感和沉浸感是其关键所在。在新型传感和感知机理、几何与物理建模新方法、高性能计算，特别是图形图像处理以及人工智能、心理学、社会学等方面都有许多挑战性的问题有待解决。同时，解决因虚实结合而引起的生理和心理问题是建立和谐的人机环境的最后难点。例如，在以往的飞行模拟器中就存在一个长期未解决的现象，即模拟器晕眩症。

虚拟现实技术是当今多媒体技术研究中的热点技术之一。它综合计算机图形学、人机交互技术、传感技术、人工智能等领域的最新成果，用于生成一个具有逼真的三维视觉、听觉、触觉及嗅觉的模拟现实环境。它是由计算机硬件、软件及各种传感器所构成的三维信息的人工环境，即虚拟环境，是可实现和不可实现的物理及功能上的事物和环境，用户投入这种环境中，就可与之交互作用。例如，美国在训练航天飞行员时，总是让他们进入一个特定的环境中，让飞行员接触太空环境的各种声音、景象，以便能够在遇到实际情况时做出正确的判断。沉浸（Immersion）、交互（Interaction）和构想（Imagination）是虚拟现实的基本特征。虚拟现实在娱乐、医疗、工程和建筑、教育和培训、军事模拟、科学和金融可视化等方面获得了应用，有很大的发展空间。

第四节　数字媒体技术的应用

一、数字媒体技术的应用领域

数字媒体有着广泛的应用和开发领域，包括教育培训、电子商务、信息发布、游戏娱乐、电子出版和创意设计等。

（一）教育培训

在教育培训方面，可以开发远程教育系统、网络多媒体资源、制作数字电视节目等。数字媒体能够实现图文并茂、人机交互及反馈，从而能有效地激发受众的学习兴趣。用户可根据自己的特点和需要有针对性地选择学习内容，主动参与。以互联网为基础的远程教学，极大地冲击着传统的教育模式，把集中式教育发展成为使用计算机的分布式教学。学生可以不受地域限制，接受远程教师的多媒体交互指导。因此，教学突破了时空限制，并且能够及时交流信息，共享资源。

（二）电子商务

在电子商务领域，开发网上电子商城，实现网上交易。网络为商家提供了推销自己的机会。通过网络电子广告、电子商务网站，商家能将商品信息迅速传递给顾客，顾客可以订购自己喜爱的商品。目前，国际上比较流行的电子商务网站有易贝（eBay）、亚马逊（Amazon）等，国内的电子商务网站有淘宝网等。

（三）信息发布

在信息发布方面，组织机构或个人都可以成为信息发布的主体。各公司、企业、学校及政府部门都可建立自己的信息网站，通过媒体资料展示自我和提供信息。超文本链接使大范围发布信息成为可能。讨论区、BBS可以让任何人发布信息，实时交流。另外，博客、播客等形式提供了展示自我和发布个人信息的舞台。

（四）游戏娱乐

在游戏娱乐方面，开发娱乐网站，利用IPTV、数字游戏、影视点播、移动流媒体等为人们提供娱乐服务。随着数据压缩技术的改进，数字电影从低质量的VCD上升为高质量的DVD。通过数字电视，不仅可以看电视、录像，实现视频点播，而且微机、互联网、联网电话、电子邮箱、计算机游戏、家居购物和理财都可以使用。另外，数码相机、数码摄像机及DVD的发展，也推动了数字电视的发展。计算机游戏已成为流行的娱乐方式，特别是网络在线游戏因其新颖、开放、交互性好和娱乐性强等特点，受到越来越多人的青睐。

（五）电子出版

在电子出版方面，开发多媒体教材，出版网上电子杂志、电子书籍等。实现编辑、制作、处理输出数字化，通过网上书店，实现发行的数字化。电子出版是数字媒体和信息高速公路应用的产物。我国新闻出版总署对电子出版物曾有以下界定：“电子出版物系指以数字代码方式将图、文、声、像等信息存储在磁、光、电介质上，通过计算机或类似设备阅读使用，并可复制发行的大众传播媒体。”目前，电子出版物基本上可分为封装型的电子书刊和电子网络出版物两大类。前者以光盘等为主要载体，后者以多媒体数据库和互联网为基础。电子出版物的内容包括教育、学术研究、医疗资料、科技知识、文学参考、地理文物、百科全书、字典词典、检索目录和休闲娱乐等。目前，许多国内外报纸、杂志都有相应的网络电子版。

（六）创意设计

在创意设计方面，包括工业设计、企业徽标设计、漫画创作、动画原形设计、数字绘画创作和游戏设计等。创意设计是多媒体活泼性的重要来源，精彩的创意不仅使应用系统独具特色，也极大地提高了系统的可用性和可视性。精彩的创意将为整个多媒体系统注入生命与色彩。多媒体应用程序之所以有巨大的诱惑力，主要是其丰富多彩的多种媒体的同步表现形式和直观灵活的交互功能。

二、数字媒体产业

随着计算机技术、网络技术和数字通信技术的飞速发展，信息数据的容量迅速增加，传统的广播、电视和电影技术正在快速地向数字化方向发展。数字音频、数字视频、数字电影与日益普及的计算机动画、虚拟现实等构成了新一代的数字传播媒体——数字媒体，进而形成数字媒体产业。

由于数字媒体产业的发展在某种程度上体现了一个国家在信息服务、传统产业升级换代及前沿信息技术研究和集成创新方面的实力和产业水平，因此数字媒体在世界各地均得到了政府的高度重视，各主要国家和地区纷纷制定支持数字媒体发展的相关政策和发展规划。美、日等国家把大力推进数字媒体技术和产业作为经济持续发展的重要战略。

（一）数字媒体产业形态

互联网和数字技术的快速发展正在颠覆传统媒体，使得人们获取信息、浏览信息，以及对信息反馈的方式都在发生巨大的变化。数字媒体新趋势将在未来几年内成为不容忽视的重大经济驱动力，目前主要呈现出几大发展趋势。数字媒体产业价值链的延伸，是在3C（Computer、Communication、Consumptive Electronics，计算机、通信、消费电子）融合的基础上，传媒业、通信业和广电业相互渗透所形成的新的产业形态。

1. 内容创建

内容创建是数字媒体价值链过程中的第一个阶段。数字媒体对象的创建有多种手段，可以从非数字化的媒体对象中采集，如利用视频采集卡、音频采集卡、扫描仪等设备，将电视信号、声音、图片等采集为数字媒体；可以从已有的数字媒体对象中截取，如应用视频编辑软件可以截取数字视频中的某些片段或数字声音中的某一部分；可以从某些数字媒体对象中分离，如将数字视频分解为静态的图片或单独的数字声音等。其创建形式一般是存储介质中各种格式的媒体文件。

2. 内容管理

在数字媒体价值链中，数字媒体的内容管理是一个非常重要的阶段，包括存储管理、查询管理、目录和索引等。在这个阶段，数字媒体携带的信息需要被格式化地表示出来，它的使用也将在管理阶段被规范。目前，对数字媒体的管理大都是各个应用程序中根据应用的需要单独设计、单独完成的。

3. 内容发行

信息发布环节的主要作用是将信息送到用户端。例如，对数字媒体对象的买卖交易、在线销售等。和管理阶段一样，目前对数字媒体的发布也是每个应用程序单独设计、单独完成的。

4. 应用开发

应用开发是将内容展现给用户的应用，包括音乐点播服务、视频点播服务、游戏服务等。将制作出来的数字媒体内容，经过一定的资源整合和优化配置，形成新的应用提供能力，并与数字媒体的运营平台合作，共同向客户提供服务。

5. 运营接入

运营接入是将数字媒体应用提供和传播给客户的运营平台和传输通道。采用一系列先进的网络技术手段，实施内容产品管理、带宽管理、网络使用的授权管理和安全认证服务等。

6. 价值链集成

价值链集成是指面向客户销售和交易数字媒体时，存在着最后对价值链的集成环节，以提供给最终客户更高性价比、内涵丰富的各种服务集成产品，为整个价值链创造更多价值。价值链的集成包括商务集成和技术集成。

7. 媒体应用

客户利用各种接收装置来获取数字媒体的内容，如 PC、STB 机顶盒、零售显示屏、无线网关、信息站和媒体网关等。数字媒体的最终使用者既是价值链的起点、价值链的归宿，也是价值链的源泉。

（二）数字媒体产业方向

数字媒体内容产业将内容制作技术及平台、音视频内容搜索技术、数字版权保护技术、数字媒体人机交互与终端技术、数字媒体资源管理平台与服务和数字媒体产品交易平台与服务六个方向定义为发展重点。其中，前四个属于技术与平台类，后两个属于技术与服务类。

①内容制作技术及平台：应以高质量和高效率制作为导向，研究开发国际先进的数字媒体内容制作软件或功能插件。

②音视频内容搜索技术：海量数字内容检索技术使数字内容能够得到有效的制作、管理与充分的利用。

③数字版权保护技术：为了保障数字媒体产业的持续、健康发展，必须采取一套有效的数字版权保护机制。这是数字媒体服务产业发展的核心问题之一。

④数字媒体人机交互与终端技术：如何将数字媒体用最好的体验手段展现给用户，是数字媒体产业最后能否得到市场接受的重要环节。

⑤数字媒体资源管理平台与服务：对纷繁复杂的海量数字内容素材、音视频作品及最终产品，需要建立基于内容描述的资源集成、存储、管理、数字保护、高效的多媒体内容检索与信息复用机制等服务。

⑥数字媒体产品交易平台与服务：在统一的数字媒体运营与监管标准和规范制约下，通过贯穿数字媒体产品制作、传播与消费全过程的版权受控形成自主创新的数字媒体交易与服务体系。

第五节　数字媒体技术的发展趋势

数字媒体产业是迅速发展起来的现代服务业，它以视频、音频和动画内容与信息服务为主体，研究数字内容处理的关键技术，实现数字内容的集成与分发，支持具有版权保护的、基于各类消费终端的多种消费模式，为公众提供综合、互动的数字内容服务。数字内容处理技术的研究方向包括可伸缩编 / 解码、音视频编 / 转码、条目标注、内容聚合、虚拟现实和版权保护等多项技术。对于图像、音视频检索，需要经过计算机处理、分析和解释后才能得到它们的语义信息，这是当前数字媒体检索的研究方向。针对这个问题，人们提出了基于内容的数字媒体检索方法，利用数字媒体自身的特征信息来表示其所包含的内容信息，从而完成对数字媒体信息的检索。数字媒体内容的传输应适应多种网络，融合更多服务，满足各类要求。数字媒体具有数据量大、交互性强、需求广泛等特性，要求内容能及时、准确地传输。典型的传输技术研究涉及内容分发网络、数字电视信道、IPTV 网络以及异构网络互通等。

一、数字媒体主体

（一）高清晰度电视和数字电影

数字影视的发展趋势是高清晰度电视和数字电影。高清晰度电视和数字电影涉及的视频分辨率是普通标准清晰度电视的 6 ~ 12 倍，因此对节目编辑与制作设备要求极高，相应的设备成本也非常昂贵，其关键技术和系统也只有少数几家国外公司拥有，这成为我国发展数字高清晰度电视和数字电影内容产业的瓶颈之一。

影视节目制作一般包括三部分：一是三维动画制作及处理；二是后期合成与效果；三是非线性编辑。其中，三维动画制作及处理相对独立，依赖于计算机动画创作系统；合成系统和非线性编辑系统的界限并不明显，只是侧重点有所不同。国外的 Discreet、Avid、苹果等公司在节目制作领域具有传统优势，比较有代表性的三维动画制作软件包括 Softimage、Maya、3ds Max 等，后期合成软件包括 inferno、Flame、Shake、Combustion、After Effects 等，非线性编辑软件包括 Adobe Premiere、HD-DS、Final Cut Pro 等。由于软件水平的限制，国内公司在上述节目制作系统中的第一部分和第二部分的产品方面尚未涉足。自 20 世纪 90 年代末开始，以在字幕机开发方面积累的经验为起点，一些国内公司逐渐进入并占领了非线性编辑和字幕机市场，并涌现出像中科大洋、成都索贝、奥维讯、新奥特等一批企业。但是，国内公司的工作仅仅局限于标清领域，对核心技术的拥有程度仍处于比较低的层次，上述公司开发的非线性编辑系统最核心的硬件板卡和 SDK 软件系统均由国外公司提供。

（二）计算机动画

国内外对计算机动画的研究集中在三维人物行为模拟、三维场景的敏捷建模、各种动画特效和变形手法的模拟、快速的运动获取和运动合成、艺术绘制技法的模拟等，并已经发行了很多较为成熟的二维和三维动画软件系统，包括 Flash、Maya、3ds Max、Animo 系统、Softimage 等。目前，在计算机动画研究方面的主要发展方向除了继续研究计算机动画的关键技术和算法外，在软件系统上，二维动画和三维动画技术出现了一体化的无缝集成趋势，并力图支持计算机动画全过程。

目前，我国在计算机动画系统方面的研发整体上还比较薄弱。一些公司、高校和科研机构在卡通动画制作的某些环节上做了工作，较有代表性的软件如北京大学与中央电视台联合研制的点睛卡通动画制作系统、迪生公司开发的网络线拍系统；但在三维计算机动画方面的研究工作，包括动画特效模拟、人脸表情动画、计算机辅助动画自动生成、运动捕捉和运动合成等，仍停留在学术研究阶段，现在还没有具有自主知识产权的高水平三维计算机动画制作软件问世。

（三）网络游戏

网络游戏作为数字内容的重要组成部分，近几年得到了迅速发展，我国已经涌现出一大批游戏的创作、开发公司，它们已经开始从早期的对外加工、代理经营转入自主开发。对于网络游戏的开发与研究，国内外集中在 3D 游戏引擎、游戏角色与场景的实时绘制、网络游戏的动态负载平衡、人工智能、网络协同与接口等方面，并已开发出很多较为成熟的网络游戏引擎，如 EPIC 公司的 Unreal Ⅱ（“虚幻”引擎）、ID 公司的 Quake Ⅲ引擎和 Monolith 公司的 LithTech 引擎等。目前，网络游戏技术除了继续朝着追求真实的效果外，主要朝着两个不同的方向发展：一是通过融入更多的叙事成分、角色扮演成分以及加强游戏的人工智能来提高游戏的可玩性；二是朝着大规模网络模式发展，进一步拓展到移动网和无线宽带网。

目前，游戏的开发工具及引擎严重依赖进口软件，而进口软件昂贵和缺乏灵活性制约了自主游戏软件的创作和开发。在游戏引擎技术方面，我国高校在 3D 建模、真实感绘制、角色动画、虚拟现实等方面已积累了丰富的研究经验，部分高校还开发完成了原型系统。国内一些公司也利用开放源码组织或者采用引擎改造的方法开发了一些原型系统，但目前这些原型系统尚停留在实验室阶段，市场上尚未出现自主知识产权的国产网络游戏集成开发环境。

（四）网络出版

网络出版又称为互联网出版，是指具有合法出版资格的出版机构，以互联网为载体和流通渠道，出版并销售数字出版物的行为。目前，基于数字版权管理（Digital Rights Management，DRM）的电子图书系统在国内外都有了长足的发展。NetLibrary、Overdrive、Libwise 及 Microsoft 公司都是国外最著名的电子图书技术和服务提供商。这几家公司提供的电子图书都不约而同地采用了按“本”销售数字版权保护的方式。按“本”销售是电子图书产业界的一个趋势。

国内基于 DRM 的电子图书发展也非常迅速。与国际上电子图书的发展相比较，国内的基于 DRM 的电子图书的发展与国际基本同步。不过到目前为止，只有北大方正集团有限公司的方正 Apabi 电子图书 DRM 系统同时支持对个人和对图书馆进行按“本”销售。国内有少数公司也在做电子图书，由于没有突现完整的数字版权保护技术，没有得到出版社的认可，并且相当多的图书都未经出版社等版权拥有者的认可，因此有很大的版权隐患，这样的公司会对正规的网络出版造成极大的危害，并造成无法挽回的损失。

经过几年的发展，国内外的网络出版领域虽然形成了一些成熟的技术与运营模式（如按“本”销售的数字版权保护模式等），但该领域的技术还需不断发展和完善，包括以下四个方面。

1. 高质量电子图书制作的流程化和自动化

电子图书制作生产的流程化作业越来越成为一种趋势。电子图书制作的规范性越来越强，电子图书制作不仅包括电子图书全文内容的制作，还包括电子图书元数据的著录、元数据描述等。此外，在电子图书制作过程中，需要通过版式理解，自动提取电子图书的元数据、目录等信息，提高制作的自动化程度。

2. 电子图书的多样化表现形式

纸质图书无法以语音方式读出其中的内容，无法显示动态的影像，无法进行交互，而电子图书则没有这些限制。要进一步增强电子图书的表现形式，需要在文件格式、数据压缩，以及嵌入其他媒体技术、读者易用性操作等方面，进行深入的研究与开发。

3. 跨平台的阅读技术

现在，电子图书的阅读平台不再只局限于个人计算机。随着各种便携移动设备的硬件性能不断提高，基于移动设备阅读高质量的电子图书应运而生，移动设备因便携性而拥有广大用户，这必将促进网络出版产业的发展。移动阅读设备包括电子书专用阅读器、PDA（掌上电脑）、智能手机等。

4. 数字版权保护

移动阅读设备的增多，使阅读终端的硬件特征与运行环境越来越复杂。例如，部分移动设备的硬件更换、有些设备不能上网、有些设备没有稳定的时钟等，DRM 系统需要针对这些变化，提高可用性和安全性。

（五）移动应用与 HTML5

以手机为主体的移动设备用户规模的不断增加，促进了移动应用技术的迅猛发展，各种移动应用层出不穷，已成为数字媒体产业中发展最迅速的领域之一。移动应用逐渐渗透到人们生活、工作的各个领域，改变着信息时代的社会生活，给用户带来了方便和丰富的体验。移动应用已成为当今主流与数字媒体技术的发展趋势。

目前，移动操作系统主要包括 Android、iOS、Windows Phone、BlackBerry OS 等。各应用软件相互独立，不同系统不能兼容，差异性大，造成多平台应用开发周期长、移植困难。而 HTML5 技术使跨平台移动应用的开发成为可能，开发者利用 Web 网页技术实现一次开发、多平台应用，促进了移动互联网应用产业链的快速发展。以 HTML5 为代表的网络应用技术标准已经开始形成，其作为下一代互联网的标准，是构建以及呈现互联网内容的一种语言方式，被认为是互联网的核心技术之一。HTML5 融合 HTML、CSS、JavaScript 等技术，提供更多可以有效增强网络应用功能的标准集，减少浏览器对插件的烦琐需求，以及丰富跨平台间网络应用的开发。HTML5 标准不仅涵盖 Web 应用领域，甚至扩展到了一般的原始应用程序。HTML5 提供了一个很好的跨平台的软件应用架构，可以设计符合桌面计算机、平板电脑、智能电视和智能手机的应用。

二、数字内容处理技术

数字内容处理技术包括音视频编 / 解码、版权保护、内容虚拟呈现等多项技术，实现了数字内容的集成与分发，支持具有版权保护的、基于各类消费终端的多种消费模式，为公众提供综合、互动的内容服务。

（一）可伸缩编 / 解码技术

为了适应传输网络异构、传输带宽波动、噪声信道、显示终端不同、服务需求并发和服务质量要求多样等问题，以“在无须考虑网络结构和接入设备的情况下灵活使用或增值多媒体资源”为主要目标的可伸缩编 / 解码技术的研究应运而生。

从 2003 年起，国际 MPEG 组织的 SVC 小组开始致力于可伸缩视频编 / 解码技术的研究、评估以及相关标准的制定。2003 年 7 月，该小组对 9 个系统提案进行了专家级的主观测试比较，其中基于小波技术的系统提案就有 6 个，并且都实现了空间、时间及质量的完全可伸缩性，到 2006 年形成国际标准草案。此后，可伸缩视频编 / 解码体系的相关技术处于不断完善，推陈出新的创新时期。

（二）音视频编 / 解码技术

国际上音视频编 / 解码标准主要有两大系列：ISO/IEC JTC1 制订的 MPEG 系列标准；ITU 针对多媒体通信制订的 H.26x 系列视频编码标准和 G.7 系列音频编码标准。

MPEG-2 标准主要用于高清电视和 VCD/DVD 领域，促进了数字媒体业务的迅猛发展。此后，MPEG 制订了一系列多媒体视音频压缩编码、传输、框架标准，包括 MPEG-4、H.264/AVC（由 ITU 与 MPEG 联合发布）、MPEG-7、MPEG-21。以 MPEG-4、H.264/AVC 为代表的新一代编码处理技术，提供了更高的压缩效率，综合考虑了互联网的带宽随机变化性、时延不确定性等因素，引入新的网络协议和技术，在 VOD 流媒体服务中有了飞跃发展，从而成为面向互联网多媒体业务应用的主流。

我国具有自主知识产权的 AVS 音视频编解码标准工作组所推出的视频技术，在 H.264/AVC 技术的基础上，形成简化复杂度和一定效率的算法工具集，目前在卫星直播和高清光盘应用中已进入试验阶段。

针对以上格式的解码技术，目前基本停留在学术研究阶段。全面、系统地实现 MPEG-2、MPEG-4、H.264/AVC 之间的解码还未进入实用阶段。研究用于音视频等主流数字媒体内容格式和编码的实用化的解码技术，为用户提供丰富多彩的节目源，并根据网络带宽变化和终端设备的处理能力提供最佳的视听服务，从而促进数字媒体服务业的良性发展。

（三）内容条目技术

国际上，为了方便广电行业各个单位之间的媒体资产交换，SMPTE 制订了完善的元数据模式（编目标准），称为 DCMI（Dublin Core Metadata Initiative，都柏林核心元数据倡议）。

元数据的分类和属性的标准化是非常重要的环节，英国广播公司（BBC）给自己的制作和后期制作步骤制订了一套元数据系统并命名为标准媒体交换格式（Standard Media Exchange Format，SMEF）。SMEF 元数据模型包含 142 个实体和 500 个属性用来描述实体。BBC 把 SMEF 方案提交给 EBU 组织，作为欧洲地区的广播技术标准。

我国的电视节目编目主要是以国家标准为参考（如《广播电视节目资料分类法》等），采用多种标准并存模式。有以内容性质、专业领域、节目体裁、节目组合方式为标准的分类，也有以传播对象的职业、年龄和性别特征为标准的分类。例如，以内容为标准，分为新闻类节目、社教类节目、文艺性节目和服务性节目；以内容涉及的专业领域，分为经济节目、卫生节目、军事节目和体育节目；以节目体裁，分为消息、专题、访谈、晚会和竞赛节目等；以节目组合形式，分为单一型节目、综合型节目、杂志型节目等；甚至以传播对象的社会特征为标准，可将节目简单地划分为少儿节目、妇女节目和老年人节目，或者工人节目、农民节目等。国家主管部门也研究了全国广播电视系统多家电台、电视台、音像资料馆现行的音像编目标准，同时借鉴了国内外目前通行的节目分类编目法，本着实用性、简单性、灵活性、可扩展性的原则，将 DC 元数据概念引入对节目或素材的描述中，但由于兼容性等问题目前并没有得到广泛推广和应用。

随着数字媒体内容在网络环境中的广泛传播，各类不同类型、不同风格、不同粒度（素材 / 片段 / 样片 / 成品等）、不同格式的海量数字媒体内容冲击着传统的广电媒体传播途径，造成了媒体内容管理与检索混乱的困境。研究基于精细粒度元数据表示的数字内容分类与编目索引体系，以适应各类不同类型的数字媒体内容的管理与检索，成为数字媒体内容管理的一项紧迫任务。

（四）内容聚合技术

内容聚合以 Web 2.0 的 RSS 为代表，Web 2.0 的 RSS 内容聚合技术的主要功能是订阅博客和新闻。各博客网站和新闻网站对站点上的每个新内容生成一个摘要，并以 RSS 文件（RSS Feed）的方式发布。用户需要搜集自己感兴趣的各种 RSS Feed，利用软件工具阅读这些 RSS Feed 中的内容。Web 2.0 的 RSS 内容聚合技术的缺点是功能有限，目前主要支持文本内容的聚合，对推送的信息没有进行语义关联，并且没有利用用户的个性对推送的信息进行过滤。

个性化服务系统追踪用户的兴趣与行为，利用用户描述文件来刻画用户的特征，通过信息过滤实现主动向用户推荐信息的目的。系统要求用户注册一部分基本信息，并且隐式地收集用户信息。系统允许用户自主修改用户描述文件中的部分信息，还通过分析以隐式方式收集的用户信息自适应地修改用户描述文件。根据学习的信息源，用户跟踪的方法可分为两种：显式跟踪和隐式跟踪。显式跟踪是指系统要求用户对推荐的资源进行反馈和评价，从而达到学习的目的；隐式跟踪不要求用户提供任何信息，跟踪由系统自动完成。隐式跟踪又可分为行为跟踪和日志挖掘。

数字内容的聚合是通过对各类数字媒体内容深层主题信息的检测、挖掘与标注，并利用各类媒体主题语义关联链接，形成丰富的多媒体内容综合摘要，通过用户行为分析、内容过滤为用户定制和推送所关注的和感兴趣的与主题相关的丰富多彩的数字媒体内容信息服务，是未来数字网络互动娱乐服务社区的发展趋势。

目前，在文字、语音、视频内容识别与信息抽取、自动摘要等方面都有一些较为成熟的技术，但尚未完全形成数字内容聚合的概念。

（五）数字版权保护技术

媒体内容产业的数字化为内容盗版与侵权使用带来了便利，版权问题正成为制约数字媒体内容产业发展的瓶颈之一。盗版问题需要依靠技术、行业协定及国家法规协同解决，而数字媒体版权保护与管理技术在“内容创建—内容分发—内容消费”整个价值链中实现数字化管理，同时为行业协定及国家法规的实施提供技术保障。

数字权利管理共性技术包括数字对象标识、权利描述语言和内容及权利许可的格式封装，这是数字权利管理系统互操作性的基础。数字版权管理（Digital Rights Management，DRM）技术已经发展到第二代。第一代DRM 技术侧重于对内容加密，限制非法复制和传播，确保只有付费用户能够使用。第二代 DRM 技术在权限管理方面有了较大的拓展。除了加密、密钥管理以外，DRM 系统还包括授权策略定义和管理、授权协议管理、风险管理等功能。

目前，国家音视频标准的 DRM 工作组正结合国家音视频编码格式制订版权保护的共性技术标准。数字权利管理涉及安全领域的基础性技术包括媒体加密技术和媒体水印技术，针对具体的媒体对象可进行相应优化。媒体水印技术虽然尚未成熟，但已经投入商用，用于提供媒体认证及增值服务，特别是 P2P 内容分发技术，国外新近推出的产品纷纷采用脆弱性水印技术识别非授权媒体及追踪盗版。我国一些高校在媒体加密和水印方面有一定的研究基础并拥有技术商业化的能力。

（六）数字媒体隐藏技术

数字媒体资源是社会发展的重要战略资源之一。国际上围绕数字媒体资源的获取、使用和控制的竞争愈演愈烈，致使数字媒体安全问题成为世界性的问题。数字媒体资源是维护国家安全和社会稳定的一个焦点，以及亟待解决、影响国家大局和长远利益的重大关键问题。数字媒体安全主要包括数字媒体系统的安全和数字媒体内容的安全。由于密码加密方式存在容易被破解或密钥丢失等问题，数字媒体隐藏技术作为新兴的数字媒体安全技术受到人们越来越多的关注。

数字媒体隐藏是利用人类感觉器官的不敏感，以及多媒体数字信号本身存在的冗余，将秘密信息隐藏在一个宿主信号中，不被人的感知系统察觉或不被注意到，而且不影响宿主信号的感觉效果和使用价值。目前，数字媒体隐藏的研究和应用主要有隐写术（Steganography）和数字水印（Digital Watermarking）。

隐写术是隐蔽通信内容及其秘密通信存在事实的一门科学和技术。它与密码术分属于不同的学科，有着本质的区别：密码术是将信息的语义变为看不懂的乱码，攻击者得到乱码信息后，已经知道有秘密信息存在，只是不知道秘密信息的含义，没有密钥难以破译信息的内容。隐写术是将秘密信息本身的存在性隐藏起来，攻击者得到表面的掩护信息，但并不知道有秘密信息存在和秘密通信发生，因而降低了秘密信息被攻击和破译的可能性。

数字水印是将一些标识信息（数字水印）直接嵌入数字载体中或通过修改特定区域的结构间接表示，且不影响原载体的使用价值，也不容易被探知和再次修改，但可以被生产方识别和辨认。通过这些隐藏在载体中的信息，可以达到确认内容创建者、购买者、传送隐秘信息或者判断载体是否被篡改等目的。数字水印是保护信息安全、实现防伪溯源、版权保护的有效办法，是信息隐藏技术研究领域的重要分支和研究方向。

数字水印与隐写术的不同在于数字水印中的载体信息是被保护的信息，它可以是任何一种数字媒体，如数字图像、声音、视频或电子文档；数字水印一般需要具有较强的健壮性。隐写术中的载体只是掩护信息，其中隐藏的信息才是真正重要的信息。

（七）数字媒体取证技术

随着数字媒体技术的不断发展，功能强大的编辑、处理、合成软件随之出现，对数字媒体数据进行编辑、修改、合成等操作变得越来越简单，使得网络、电视、报纸、杂志等传播媒体上出现了大量具有真实感的计算机编辑、篡改、伪造或合成的多媒体数据。这些经过篡改、伪造的数据变得越来越逼真，以致在视觉和听觉上与真实的数据难以区分。一旦把这些伪造的数据用于司法取证、媒体报道、科学发现、金融、保险等方面，将对社会、经济、军事、政治、文化等造成非常严重的影响。数字媒体取证正是针对这些危害而提出的，主要用于对数字媒体数据的真实性、原始性、完整性和可靠性等进行验证，对维护社会的公平、公正、安全和稳定有着非常重要的战略意义。

数字媒体取证根据取证方式分为主动取证和被动取证。其中，主动取证包括数字媒体签名和水印技术，是利用数字媒体中的冗余信息随机地嵌入版权信息，通过判断签名和水印信息的完整性实现主动取证。被动取证是指在没有嵌入签名或水印的前提下，对数字媒体进行取证。尽管多数篡改、伪造的数字媒体不会引起人们听觉上的怀疑，但不可避免地会引起统计特征上的变化。数字媒体的被动取证是通过检测这些统计特性的变化来判断多媒体的真实性、原始性、完整性和可靠性。与主动取证相比，被动取证对数字媒体自身没有特殊要求，待取证、待检测的数字媒体往往未被事先嵌入签名或水印，也没有其他辅助信息可以利用，因此，被动取证是更具现实意义的取证方法，也是更具挑战的课题。数字媒体被动取证主要包括数字媒体篡改取证技术、数字媒体源识别技术和数字媒体隐写分析技术。

（八）基于生物特征的身份认证技术

在当今社会中，人们的日常工作与生活都离不开身份识别与认证技术，而数字媒体技术以及网络技术的高速发展更是要求个人的身份信息能够具备数字化和隐性化的特性。如何在网络化环境中安全、高效、可靠地辨识个人身份，是保护信息安全必须解决的首要问题之一。传统的身份认证方式主要是使用身份标识物（如各类证件、智能卡等标识卡片）和使用身份标识信息（密码和用户名等信息）。身份标识物极易遭伪造或者丢失，身份标识信息也很容易遭泄露或者遗忘。这些问题的产生原因都可归结于身份标识物或者标识信息都无法实现，以及使用者无法建立唯一关联性和不可分离性。而基于生物特征的身份认证技术，是利用人类固有的生理特征（如指纹、掌纹、人脸、虹膜、静脉等）和行为特征（如步态、声音等）来进行个人身份认证。与传统身份认证技术相比，生物特征具有唯一性、不可否认性、不易伪造、无须记忆、方便使用等优点。基于生物特征的身份认证在一定程度上解决了传统的身份认证中出现的问题，并逐渐成为目前身份认证的主要手段。

（九）大数据技术

现在的社会是一个信息化和数字化的社会，互联网、物联网和云计算技术的迅猛发展，使得数据充斥着整个世界；与此同时，数据也成为一种新的自然资源，亟待人们对其加以合理、高效、充分地利用，使之能够给人们的生活、工作带来更大的效益和价值。随着数据的数量以指数形式递增，以及数据的结构越来越趋于复杂化，赋予了大数据不同于以往普通数据更加深层的内涵。

对于大数据的概念，目前来说并没有一个明确的定义。维基百科将大数据定义为：所涉及的资料量规模巨大到无法透过目前主流软件工具，在合理的时间内达到撷取、管理、处理，并整理成为帮助企业经营决策更积极的资讯。互联网数据中心将大数据定义为：为更经济地从高频率的、大容量的、不同结构和类型的数据中获取价值而设计的新一代架构和技术。人们对大数据存在一个普遍的共识，即大数据的关键是在种类繁多、数量庞大的数据中快速获取信息。从数据到大数据，不仅仅是数量上的差别，更是数据质量的提升。传统意义上的数据处理方式包括数据挖掘、数据仓库和联机分析处理等；而在大数据时代，数据已经不仅仅是需要分析处理的内容，更重要的是人们需要借助专用的思想和手段从大量看似杂乱、繁复的数据中，收集、整理和分析数据足迹，以支撑社会生活的预测、规划和商业领域的决策支持等。

大数据处理的流程主要包含数据采集、数据处理与集成、数据分析、数据解释四个重要步骤。大数据的关键技术有云计算、MapReduce、分布式文件系统、分布式并行数据库、大数据可视化和大数据挖掘。

三、基于内容的媒体检索技术

随着计算机技术及网络通信技术的发展，多媒体数据库的规模迅速扩大，文本、数字、图形、图像、音频和视频等各种海量的多媒体信息检索变得十分重要。图像检索和音视频检索需要经过计算机处理、分析和解释后才能得到它们的语义信息，这是当前多媒体检索正在努力的方向。针对这一问题，人们提出了基于内容的多媒体检索方法，利用多媒体自身的特征信息，如图像的颜色、纹理、形状，视频的镜头、场景等来表示多媒体所包含的内容信息，从而完成对多媒体信息的检索。

（一）数字媒体内容搜索技术

搜索引擎是目前最重要的网络信息检索工具，市场上已有许多相对成熟的搜索引擎产品。但目前的搜索引擎普遍在用户界面、搜索效果、处理效率等方面仍存在不足，经常将信息量庞大与用户兴趣不相关的文档提交给用户。造成这种现象的原因有两种：一是用户所提交的关键词意义不够精确；二是搜索引擎对文档过滤能力有限。

近年来，搜索引擎在研究和应用领域出现了很多新的研究思想和技术，如P2P搜索理念、信息检索Agent、后控词表技术、数字媒体搜索引擎等。

其中，数字媒体搜索引擎的目的是使用户能够像查询文字信息那样方便、快捷地对数字媒体信息进行搜索和查询，找出自己感兴趣的数字媒体内容进行播放和浏览。为了达到这一目标，必须将现有的多媒体信息重新进行组织，使之成为便于搜索、易于交互的数据。目前，根据数字媒体类型的不同，搜索引擎可分为图像搜索引擎、音视频搜索引擎、音频搜索引擎。对每类搜索引擎而言，根据搜索方式的不同可分为文本方式和内容方式。基于内容的数字媒体搜索具有以下特点：

①从数字媒体内容中获取信息，直接对图像、视频、音频内容进行分析，抽取其特征和语义，利用这些内容建立特征索引，从而进行数字媒体搜索。

②基于内容的数字媒体搜索不是采用传统的点查询和范围查询，而是进行相似度匹配。

③基于内容的数字媒体搜索实质是对大型数据库的快速搜索。数字媒体数据库不仅数据量巨大，而且种类和数量繁多，所以必须实现对大型数据库的快速搜索。

与较为成熟的文本内容搜索相比，数字媒体内容搜索目前仍处于技术发展和完善阶段，国际和国内都有一些实用的系统和引擎推出。在此基础上，多种检索方法融合的综合检索和基于深层语义信息关联的检索策略将是其发展方向。

（二）基于内容的图像检索

目前，基于内容的图像检索的研究主要集中在特征层次上，可在低层视觉特征和高层语义特征两个层次上进行。其中，基于低层视觉特征的图像检索是利用可以直接从图像中获得的客观视觉特征，通过数字图像处理和计算机视觉技术得到图像的内容特征，如颜色、纹理、形状等，进而判断图像之间的相似性；而图像检索的相似性则采用模式识别技术来实现特征的匹配，支持基于样例的检索、基于草图的检索或者随机浏览等多种检索方式。利用高层的语义信息进行图像检索是研究和发展的热点。

（三）基于内容的音频检索

所谓基于内容的音频检索，是指通过音频特征分析，对不同的音频数据赋予不同的语义，使具有相同语义的音频信息在听觉上保持相似。基于内容的音频检索是一个较新的研究方向。由于原始音频数据除了含有采样频率、编码方法、精度等有限的描述信息外，本身只是一种非结构化的二进制流，缺乏内容语义的描述和结构化的组织，因此音频检索受到极大的限制。相对于日益成熟的基于内容的图像与视频检索，音频检索相对滞后，但它在新闻节目检索、远程教学、环境监测、卫生医疗、数字图书馆等领域具有很高的应用价值，这些应用的需求推动着基于内容的音频检索技术的研究工作不断深入。由于基于内容的音频检索有着广泛的应用前景和市场前景，因此引起了国际标准化组织的关注。随着数字媒体内容描述的国际标准化，音频内容的描述也将随之标准化，音频内容描述及查询语言将成为研究的热点，基于内容的音频检索将朝着商业化方向迈进。

（四）基于内容的视频检索

近年来，视频处理和检索领域的研究方向主要针对以下三个主要问题。

①视频分割：从时间上确定视频的结构，对视频进行不同层次的分割，如镜头分割、场景分割、新闻故事分割等。

②高层语义特征提取：对分割出的视频镜头，提取高层语义特征。这些高层语义特征用于刻画视频镜头以及建立视频镜头的索引。

③视频检索：在事先建立好索引的基础上，在视频中检索满足用户需求的视频镜头。用户的需求通常由文字描述和样例（图像样例、视频样例、音频样例）组合构成。

对视频信息进行处理，需要将视频按照不同的层次分割成若干个独立的单元，这是对视频进行浏览和检索的基础。视频分割必须考虑视频之间在语义上的相似程度。已有的场景分割算法考虑了结合音频信息来寻找场景的边界。

早期的视频索引和检索主要是针对颜色、纹理、运动等一些底层的图像特征进行的，随着用户需求的不断升级和技术本身的发展，基于内容的视频索引和检索研究关注不同视频单元的高层语义特征，并用这些语义特征对视频单元建立索引。Sofia Tsekeridou通过语音获得说话人方面的信息，结合其他图像方面的特征，可以建立诸如语音、静音、人脸镜头、正在说话的人脸镜头等语义的索引。对一些更加复杂的语义概念，可以定义一些模型来组合从不同信息源得到的信息。另外，也有很多方法利用从压缩域上得到的音频和图像特征进行索引和检索，以提高建立索引的速度。

在视频检索中可以利用的音频处理技术包括：用于查找特定人的说话人识别和聚类，用于查找特定人的说话人性别检测、语音文本检索和过滤，用于分析和匹配查询中的音频样例的音频相似度比较等。如果事先不对音频建立索引，也可以在检索过程中直接利用音频特征比较检索样例与待检索视频之间的相似性，从而实现基于内容的视频检索。

第二章　动画制作原理

第一节　动画的基本原理

一、动画的基本原理

动画是通过连续播放一系列画面，给视觉造成连续变化的图画。它的基本原理与电影、电视一样，都是视觉原理。医学研究证明，人类具有“视觉暂留”的特性，就是说人的眼睛看到一幅画或一个物体后在 1/24s 内不会消失。利用这一原理，在一幅画还没有消失前播放出下一幅画，就会给人造成一种流畅的视觉变化效果。因此，电影采用了每秒 24 幅画面的速度拍摄播放，电视采用了每秒 25 幅（PAL 制式）或 30 幅（NSTC 制式）画面的速度拍摄播放。每一个单独图像称之为帧。

二、关键帧

通常，制作动画的难点在于动画制作人员必须生成大量的帧。1 分钟的动画需要 720 ~ 1 800 个单独图像，单独图像的数量决定动画的质量。用手来绘制图像是一项艰巨的任务，因此出现了一种称为关键帧的技术。

动画中的大多数帧都是例程，动画工作室为了提高工作效率，让主要动画设计人员只绘制重要的帧，即关键帧，然后动画制作人员再计算出关键帧之间需要的帧。填充在关键帧之间的帧，即中间帧。画出了所有关键帧和中间帧之后，通过链接或渲染图像以生成最终连续的图像。基于这一原理，计算机动画可以在两幅关键帧之间进行插值计算，自动生成中间画面，这样就大大提高了工作效率。

三、动漫的概念

动漫和它的名称一样，处在一个动态发展的过程之中。从字面意义上来看，动漫是动画和漫画的合称。因为两者之间存在密切的联系，所以中文里一般把两者合在一起称为动漫。随着动漫产业的发展，它逐步成为一门综合艺术工程，集成了绘画、音乐、平面设计、三维技术、运动规律、灯光、摄影、后期合成等诸多门类。

随着计算机技术、网络技术的发展，数字媒体应运而生。而以数字媒体为基础的动漫产业涵盖了艺术、科技、传媒、商业、娱乐等多方面，被视为 21 世纪创意经济中最有希望的产业。

四、动画制作的基本流程

一部动画片，无论是 5 分钟的短片，还是 120 分钟的长片，都必须经过编剧、导演、美术设计（人物设计和背景设计）、设计稿、原画、动画、绘景、描线、上色（描线复印或计算机上色）、校对、摄影、剪辑、作曲、拟音、对白配音、音乐录音、混合录音、洗印（转磁输出）等十几道工序的分工合作、密切配合才能完成。可以说动画片是集体智慧的结晶。计算机软件的使用大大简化了工作程序，方便快捷，也提高了效率。

Flash 动画制作的基本流程是：策划主题→搜集素材→制作动画→测试→发布。

（一）策划主题

策划主题是每一项工作取得满意结果的重要保证。在这个步骤中，需要对整个动画片编辑工作中的诸多内容进行分析，如动画视觉效果要保持什么风格，需要使用什么样的素材，工作步骤如何安排，舞台场景怎样布置和以怎样的方式进行动画片输出等。

策划主题时需要一个书面的文稿——剧本。任何动画片生产的第一步都是创作剧本，但动画片的剧本与真人表演的故事片剧本有很大不同。对于一般影片中的对话，演员的表演是很重要的，而在动画片中则应尽可能避免复杂的对话，用画面去表现。

为了让文字的剧本通过动画片表现得更加清楚明白，会制作故事板。导演要根据剧本绘制出类似连环画的故事草图（分镜头绘图剧本），将剧本描述的动作表现出来。故事板由若干片段组成，每一个片段由系列场景组成，一个场景一般被限定在某一地点和一组人物内，而场景又可以分为一系列被视为图片单位的镜头。故事板在绘制各个分镜头的同时，作为其内容的动作、对白的时间、摄影指示、画面连接等都要有相应的说明。一般 30 分钟的动画剧本，若设置 400 个左右的分镜头，将要绘制约 800 幅绘图剧本——故事板。

（二）搜集素材

在拟定好动画片的主题与需要表现的画面效果、故事内容后，在故事板的基础上，要对人物或其他角色进行造型设计，并绘制出每个造型的几个不同角度的标准页，如图 2-1 所示。同时确定背景、前景及道具的形式和形状，完成场景环境和背景图的设计、制作，为动画片准备需要的外部素材，如位图、视频、音效、音乐等。

图 2-1　不同角度的标准页

（三）制作动画

动画制作的步骤为：新建文件→制作元件→编排动画→保存文件。

1. 新建文件

Flash CS5 在启动时会自动创建一个空白的动画片编辑文件。在编辑时，也可以根据需要随时新建编辑文件。

2. 制作元件

根据动画片要演绎的故事内容绘制图形元件，编辑有动画内容的影片及按钮元件。计算机动画中的各种角色造型以及它们的动画过程都可以在库中反复使用，而且修改也十分方便。在动画中套用动画，也可以使用库来完成。动画着色是非常重要的一个环节，计算机动画辅助着色可以代替乏味、昂贵的手工着色。用计算机描线着色界线准确、不需晾干、不会窜色、改变方便，而且不因层数多少而影响颜色，速度快，更不需要为前后色彩的变化而头疼。动画软件一般都会提供许多绘画颜料效果，如喷笔、调色板等，这些都很接近传统的绘画技术。

3. 编排动画

将制作好的各个图形元件放入对应的场景中，按剧本顺序编排动画。Flash CS5 会依次将所有舞台场景中的内容输出成动画。用计算机对两幅关键帧进行插值计算，自动生成中间画面，这是计算机辅助动画的主要优点之一，不仅精确、流畅，而且将动画制作人员从烦琐的劳动中解放出来。传统动画的一帧画面是由多层透明胶片上的图画叠加合成的，这是保证质量、提高效率的一种方法，但制作中需精确对位，而且受透光率的影响，透明胶片最多不超过 4 张。在动画软件中，也同样使用了分层的方法，但对位非常简单，层数从理论上也没有限制，对层的各种控制，像移动、旋转等也非常容易。

4. 保存文件

确定每一个编辑操作准确无误后，应该及时保存，避免因出现误操作、死机甚至突然断电等情况造成损失。

（四）测试

在生成和制作特技效果之前，可以直接在计算机屏幕上演示一下草图或原画，检查动画过程中的动画和时限以便及时发现问题并进行修改。在舞台场景中查看目前编辑完成的动画效果，对发现的问题可以及时修改。在复杂的互动影片编辑中，测试则更为重要。

（五）发布

将编辑完成的动画片文件输出成可完整播放的影片文件或其他需要的文件格式。

第二节　运动规律的基本概念

在动画的制作中，研究物体怎么运动（包括它们运动的轨迹、方向以及所需要的时间）的意义远大于对单帧画面安排的考虑，虽然后者也很重要。所以，相对每一帧画面来说，人们应该更关心“每一帧画面与下一帧画面之间所产生的效果”。所以，在制作动画的过程中，动画设计人员要有良好的动作连续感，在此要求下制作出来的动画才能受欢迎。动画设计人员要考虑到各种各样的动画运动规律，尽可能避免重复的劳动，在遵循合理运动规律的前提下，才能绘制与制作具有特点的作品。

一、人的运动规律

在动画中，最常见的就是人物（包括一些拟人化角色）的动作，除了剧情所规定的任务，需要做各种带表演性的动作之外，还经常会碰到属于基本运动规律的动作。动画设计人员懂得这些动作的基本规律，熟练掌握表现人的运动规律的动画技法，就能进一步根据剧情的要求和不同造型的角色去创造加工动画。

（一）人物走路的运动规律

回忆一下生活中人的动作，人走路时身体是倾斜的吗？手脚怎么样配合身体的运动？它们的位置是怎么样的？

人走路的基本规律是：左右两脚交替向前，为了求得平衡，保持重心，总是一只脚支撑，另一只脚才能提步。当左脚向前迈步时左手向后摆动，右脚向前迈步时右手向后摆动。在走的过程中，当脚迈开时头顶的位置略低，随着一只脚着地，另一只脚朝前运动，到两脚交叉时为止，头顶高度的变化是一个逐渐升高的过程。随着一个一个的循环，头顶也跟着做一起一伏的波浪形运动。人物走路的动作如图 2-2 所示。

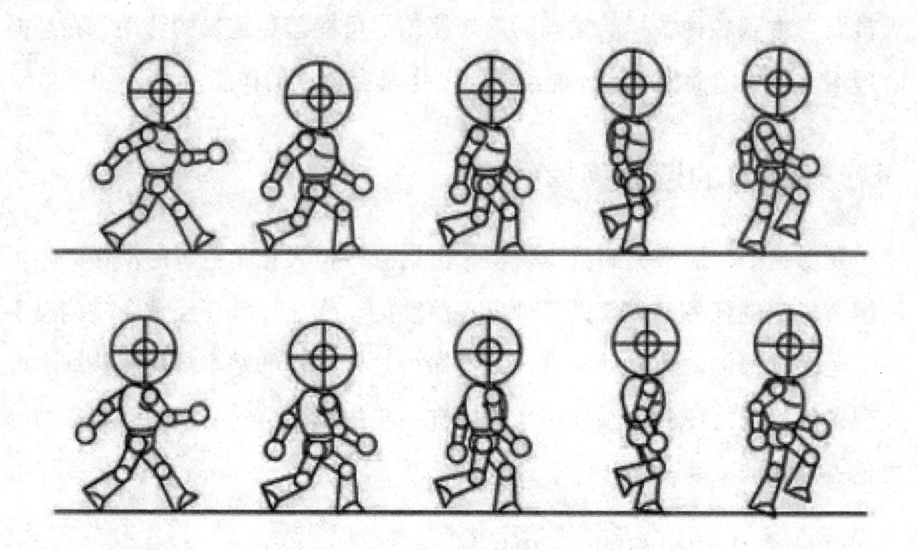

图 2-2　人物走路的动作

人走路的速度节奏变化也会产生不同的效果。如描写步伐较轻的效果是“两头慢中间快”，即当脚离地或落地时速度慢，中间过程的速度快；描写步伐沉重的效果则是“两头快中间慢”，即当脚离地或落地时速度快，中间过程的速度慢。人物走路时脚的运动如图 2-3 所示。

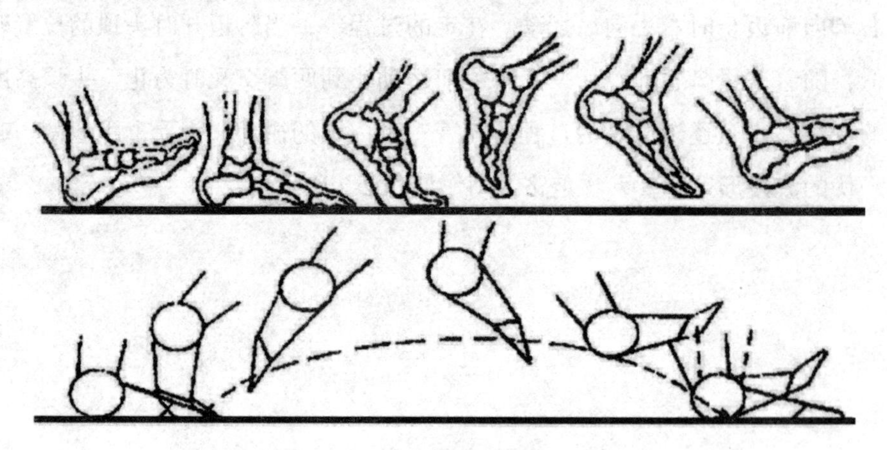

图 2-3　人物走路时脚的运动

（二）人物跑步的运动规律

正常人物跑步的规律是：身体重心略向前倾，手臂呈弯曲状；自然握拳，跑动时手臂配合双脚的跨步前后摆动；脚的弯曲幅度要大，每步蹬出的弹力要强；头部的高低成波形运动状态。在写实人物奔跑时，几乎没有双脚同时着地的时间，而是依靠单脚支撑身体的重量。但是在可爱型人物跑步时，中间要有双脚同时离地的过程，这样才能显得更加生动有趣。由于跑步时速度比较快，因此，时间的掌握非常重要。只有掌握动画的时间和跑步的规律，才能设计出流畅的动作。人物跑步的动作如图 2-4 所示。

图 2-4　人物跑步的动作

一般情况下，正常人跑一个半步大概用的时间是不到半秒钟（大约 10 帧），跑一个完整步的时间是不到一秒（大约 18 帧）。动画设计人员设计动作时，习惯用 25 帧每秒，因为这是电视动画的标准帧数（电影是 24 帧每秒），但是在 Flash CS5 中默认的帧数是 12 帧每秒，读者可以把它改成 25 帧每秒，如果不想改，就拿帧数除以 2。

（三）人物跳跃的运动规律

人物的跳跃是由身体屈缩、蹬腿、腾空、蜷身、着地、还原等几个动作组成的。人在跳起之前身体的屈缩，表示动作的准备和力量的积蓄，接着单腿蹬腿蹦起，使整个身体腾空向前，落下时，双脚先后或同时落地，由于自身的重量和调整身体的平衡，必然产生动作的缓冲，之后恢复原状。人物单腿跳跃的动作如图 2-5 所示。

图 2-5　人物跳跃的动作

双腿跳跃时的运动线呈抛物线，这个抛物线的幅度高低根据用力的大小来决定。原地跳时，蹬腿跳起腾空，然后原地缓冲、落下，人的身体和双脚只是上下运动，不产生抛物线人物双腿跳跃的动作。

以上就是人的基本运动规律。人的感情是丰富的，在高兴、悲伤、愤怒等情绪下所表现的状态是不同的，动作也是千变万化，但都离不开基本的规律，所以读者在熟练掌握基本规律后要多观察生活，多体验动作，这样设计出的动画人物才能更生动。

二、人物的动画技法

一般来说，人的身体高度是头的 7.5 倍。但在卡通世界里，夸张的身体高度可以为头自 8 倍，甚至 9 倍或 10 倍。但头部也可夸大同身体等高，或者是身体的 2 倍。总之，一切视剧情的风格和人物的需要而定。

（一）行走

学习动画的第一步就是画行走，研究不同人物的走路姿态，对理解运动规律以及原画和中间画之间的关系至关重要。人行走的姿态千差万别，但却存在着相同的规律。

女性行走时，一般两腿并拢，紧收胯部，步态优雅，头部和身体上下移动的幅度不大。女性的服装如紧身衣、迷你裙、旗袍等，都制约着她们行走的动作幅度。男性则不同，由于男、女生理构造的不同，男性行走时两腿微叉，头部和身体上下浮动的幅度较大，步伐刚劲有力。

人物行走的设定如下：

4 格（帧）：每秒六步，飞跑。

6 格（帧）：每秒四步，跑或快走。

8 格（帧）：每秒三步，慢跑或动漫式行走。

12 格（帧）：每秒两步，自然地正常行走。

16 格（帧）：2/3 秒一步，恬静地漫步。

20 格（帧）：接近一秒一步，老者或疲惫的人行走。

24 格（帧）：一秒一步，非常缓慢地走。

32 格（帧）：老态龙钟地挪动。

（二）跑步

行走时总是一只脚着地，另一只脚离地，而跑步动作中间可以有 1 ~ 2 格的双脚同时离地的过程。跑步总是一拍一，行走动画的原理可以直接运用到跑步中，只是动作被减半。

奔跑时，双脚几乎无同时着地的时间，而是依靠单脚支撑身体的重量。要注意的是：在跑步过程中，人物前倾的动态应前后保持一致，原画和中间画的上半身要保持同一前倾的姿势。

（三）转头

头部是一个立体，而非平面。转头动作的中间张，不能直接在线条上中割，心中必须有立体的概念，准确地与中间张衔接。

表现人转头的动作时，需正确地画出头部的线描结构和透视关系，最好掌握不同角度的头部的绘画技法。

（四）眼睛

眼睛是传神的器官，可以最直接地表达喜怒哀乐等诸多表情。因此，在画眼部动作时应尤其小心，如果中间张动画有丝毫的跳动或错位，都会损坏前后两张的连贯性和真实性，让观众感觉不舒服，从而影响动画人物感情的准确传达。

眼睛的表现要注意以下三点。

（1）视线运动轨迹要明确。当瞳孔露出太少时，很难表达人物注视的表情和方向。（2）眼球应夸张稍突出于眼眶。夸张瞳孔以便清楚地表明侧视的方向。（3）瞳孔运动同步，以保证视线的统一。两个瞳孔转动的方向要一致，否则人物表情将毫无生气。

（五）口型

嘴唇的形状比我们想象的复杂，富有起伏感，要用立体的思维进行口型变化的绘画练习。

原画在设计口型动作时，应注意的是以下两点。

（1）口型与形象的配合。（2）口型与表情的配合。画口型时，要注意与脸部肌肉、眼睛和脸形的变化结合起来。

（六）投掷

投掷是全身运动，由腰部转动、上半身转动、胳膊前挥、手腕返回四个动作构成。投掷的动力从腰部的转动开始，然后按顺序向身体的末端传送。

三、动物的运动规律

动物的基本动作是：走、跑、跳、跃、飞、游等，特别是动物走路动作与人的走路动作有相似之处（双脚交替运动和四肢交替运动）。但是，由于动物大多是用脚趾走路（人是用脚掌着地），因此，各部位的关节运动也就产生了差异。

（一）兽类动作

兽类大部分均属于4条腿走路的“趾行”或“蹄行”动物（用脚趾部位走路）。它们走路的基本运动规律是：4条腿两分、两合，左右交替成一个完步（俗称后脚踢前脚）。前脚抬起时，腕关节向后弯曲；后腿抬起时，踝关节向前弯曲。走步时由于脚关节的屈伸运动，身体稍有高低起伏。

兽类走步时，为了配合脚步的运动、保持身体中心的平衡，头部会上下略有浮动。一般是在跨出的前脚即将落地时，头开始朝下点。兽类走路动作的运动过程中，要注意脚趾在落地、离地时所产生的高低弧度。

兽类快速奔跑的基本运动规律如下：

（1）兽类奔跑动作的基本规律与走路时4条腿的交替分合相似。但是，跑得越快4条腿的交替分合就越不明显，有时会变成前后2条腿同时屈伸。

（2）身体的伸展和收缩姿态变化明显。

（3）跑的过程中，身体上下起伏的弧度较大。但在极度快速奔跑的情况下，身体起伏的弧度又会减小。

兽类跳跃和扑跳动作的运动规律基本上和奔跑动作相似，不同之处是：兽类在扑跳前一般有个准备阶段，身体和四肢紧缩，头和颈部压低或贴近地面，两眼盯住目标物体。跃起时爆发力强，速度快，身体和四肢迅速伸展、腾空，呈弧形抛物线扑向猎物。前足着地时身体及后足产生一股向前冲力，后足着地的位置有时会超过前足的位置。跳，身体又再次形成紧缩，进而又是一次快速伸展、扑跳动作。

（二）禽类动作

为了方便掌握禽类的运动规律，这里把禽类分为家禽类（以走为主）、飞禽类（以飞为主）。

1. 家禽类

这里以鸡、鸭、鹅来作为范例。家禽的走路运动规律是：运动，走路时身体左右摇摆，为了保持身体的平衡，头和脚互相配合运动。一般是当一只脚抬起时头开始向后收缩，抬起的那只脚超前至中间位置时，头收到最后面，当脚向前落地时，头也随着超前伸到顶点。要注意的是脚部关节运动的变化。脚爪离地抬起向前伸展时，趾关节的弯曲同地面必然呈弧形运动。

鸭、鹅的划水运动规律是：双脚前后交替划水，动作柔和。左脚逆水向后划水时，脚蹼张开，形成外弧线运动，动作有力。右脚同时向前回收，脚蹼紧缩，形成内弧线运动，动作柔和，以减小水的阻力。身体的尾部随着脚在水中后划和前收的运动会左右摆动。

2. 飞禽类

按翅膀长短，分为阔翼类和雀类。

（1）阔翼类

如鹰、雁等这类飞禽。它们的翅膀一般长而宽，颈部较长而且灵活，基本运动规律是：以飞翔为主，飞翔时翅膀上下扇动，变化较多，动作柔和。由于翅膀大，飞行时空气对翅膀产生升力和推力（也有阻力），托起身体上升和前进，扇动翅膀时，动作一般比较缓慢。翅膀扇下时展开，动作有力；翅膀抬起时收拢，动作柔和。飞行过程中，当飞到一定高度后，用力扇动几下翅膀，就可以利用上升的气流展翅滑翔。阔翼类的动作都偏慢，走路的动作与家禽类相似。

（2）雀类

如麻雀的身体一般短小，翅翼不大，嘴小脖子短，基本运动规律是：飞行速度快，翅膀扇动的频率较高，往往看不清动作，飞行中形体变化少。

雀类由于体形小，飞行时一般不是展翅滑翔，而是夹翅飞翔。雀类有的还可以在空中停留，这时翅膀扇动奇快。雀类很少用双脚交替行走，一般都用双脚跳跃前进。

（三）鱼类动作

鱼类生活在水中，它们的动作主要是运用鱼鳍推动流线型的身体，在水中向前游动。

鱼身摆动时的各种变化呈曲线运动状态。为了方便掌握鱼类的运动规律，这里分为大鱼、小鱼和长尾鱼来讲解。

1. 大鱼

它们的身体较大较长，鱼鳍相对较小，基本运动规律是：在游动时，身体摆动的曲线弧度较大，缓慢而稳定。停留原地时，鱼鳍缓慢划动，鱼尾轻摆。

2. 小鱼

它们的身体小而狭长，基本运动规律是：游动快而灵活，变化较多；动作节奏短促，常有停顿或突然窜游；游动时曲线弧度不大。

3. 长尾鱼

它们的鱼尾宽大，质地轻柔，运动特点是：柔和缓慢，在水中身体的形态变化不大，随着身体的摆动，大而长的鱼鳍和鱼尾跟随运动。

（四）爬行类和两栖类动作

爬行类可以分为有足和无足两类。有足类的基本运动规律是：爬行时四肢前后交替运动，尾巴随着身体的运动左右摇摆，保持平衡。无足类（以蛇为例）的基本运动规律是：超前运动时，身体向两旁做 S 形曲线运动。

头部微微离地抬起，左右摆动幅度较小，随着动力的增大并向后面传递，越到尾部摆动的幅度越大。

两栖类（以青蛙为例）的基本运动规律是：陆地上以跳跃为主，在水中时以后腿的屈蹬作为前进的动力，注意脚蹼的变化和续力时间的掌握。

（五）昆虫类动作

昆虫种类繁多，以移动方式来分，可以分为飞行类、爬行类和跳跃类。

飞行类昆虫的基本运动规律是：昆虫的翅膀基本上都是上下抖动或振动，区别在于它们的运动轨迹。如蜜蜂的运动轨迹是有规则的，呈 8 形、0 形等；苍蝇的运动轨迹则是混乱的；蝴蝶的运动轨迹是柔和轻盈的，像蝴蝶这样的昆虫翅膀的扇动要比其他昆虫慢，而且不总是上下扇动，偶尔有双翅合拢状。

爬行类昆虫的基本运动规律是：靠身体下面的足，交替运动向前爬行，有翅膀的会偶尔振翅。

跳跃类昆虫的基本运动规律是：以跳跃为主，需要注意的是细节的处理，如触须的曲线运动等。

以上所讲述的动物分类及它们的基本运动规律，不属于专业性的动物学方面的研究，而是为了了解各类动物的一般特性，找出它们的动作特点，作为制作动画时的依据。为了使动画中的各种动物动作更加丰富、生动、合理，平时还要注意多观察，熟悉各类动物的形象特征和动作特点。

四、动物的动画技法

动物在动画片的艺术创作中必不可少，动物的骨骼结构与人类的骨骼结构有相似之处，加之动画多采取拟人夸张的表现手法，因此，动物的运动规律与人的运动规律既相似又有自身的独特之处。动物大致分为四足动物、飞禽类动物、爬行类动物、鱼类动物和昆虫类动物。

（一）四足动物

1. 爪类动物的行走

爪类动物行走时关节动作不明显，故感觉动物很柔和。爪类动物的行走速度（以狗为例）：慢走 15 张交替一次，中速行走 13 张交替一次（以上均为两格一拍）。

2. 爪类动物的奔跑

爪类动物在奔跑时，身体的伸展和收缩比较明显。奔跑过程中，四脚离地，身体起伏的弧度较大。

爪类动物的奔跑速度通常有以下两类。

（1）小跑

11 ~ 13 张（拍单格），6 ~ 7 张（拍双格）。

（2）跳跃式奔跑

6 ~ 9 张（拍单格），3 ~ 5 张（拍双格），拍单格或拍双格视动作需要而定。

3. 蹄类动物的行走

蹄类动物的关节运动比较明显，幅度较大，动作僵直。蹄类动物行走的一般速度（以马为例）：慢速 21 张动画，四脚交替一次，完成一个循环；中速 15 张交替一次，完成一个循环。

4. 蹄类动物的奔跑

蹄类动物奔跑时身体的伸展和收缩幅度加大，腾空时间长，落地时间短，四脚落地时间有时相差一两格。

5. 蹄类动物奔跑的一般速度

一般跑，11 ~ 13 张动画完成一个循环；快跑，8 ~ 10 张动画完成一个循环。

（二）飞禽类动物

1. 飞禽类动物行走的动作规律

（1）双脚交替运动走路时身体略向左右摆动。（2）走路时，为了保持身体的平衡，一般是后脚抬起时，头开始向后收，脚向前抬到中间最高点时，头收缩到最里面，当脚向前伸出落地时，头随之伸到顶点。（3）鸡走路时，脚部关节的变化较多，脚部呈弧线运动。

2. 鸟类的飞行动作规律

鸟类的身形为流线型，飞行时脚爪蜷缩紧贴着身体或向后伸展，飞行的冲击力来自鸟的翅膀向身体下面的空气扇动的反作用力。在一个鸟类飞行的循环动作中，向上、向下扇动的时间大约一样。动作循环的长度视鸟的大小而定，通常大型鸟比小型鸟的动作略慢。例如，麻雀的翅膀在一秒钟内可扇动 12 次，而鹰、鹤等大型鸟类一秒钟只扇动 2 次。

鸟类飞行的共同特点是：

（1）飞行时，翅膀上下扇动，变化较多，动作柔软优美；（2）飞行时由于空气的浮力，翅膀的上下扇动，动作比较缓慢，下扇时翅膀张开幅度较大，动作有力，抬起时翅膀收拢，动作柔软；（3）飞行时常有展翅的滑翔动作；（4）走路时与鸡的动作规律相似。

（三）爬行类动物

爬行类动物的运动轨迹相对简单，只要把握大的动态线即可。蛇类爬行动物的动作路线多以 S 线为主。蜥蜴、鳄鱼等大型有肢类爬行动物的动作规律是前脚和后脚分别左右前进，并摆动身体和尾部做平衡动作。

（四）鱼类动物

鱼类生活在水中，其运动轨迹多以柔美的曲线和弧线为主，不同鱼类共同的基本运动规律是：以身体摆动来前进，尾部起到平衡和调整方向的作用。以经过身体水流来观察鱼类身体的摆动位置，依次作为描绘的依据。

一旦造型需要扭曲压缩，控制身体的体积大小、身体摆动中心动态线就成为最直接的作画依据。

（五）昆虫类动物

昆虫的基本结构分为头部、身体、尾部三部分。昆虫的爬行大致为两对前脚和一对后脚做相对运动来进行。昆虫的飞行形态多样，须视具体情况而定。

五、自然现象的运动规律

在动画中，除了有角色的运动以外，还需要一些自然现象的画面，以适应剧情发展的需要和进行必要的气氛烘托。所以，研究和学习自然现象的运动规律是非常必要的。

（一）水的运动规律

在掌握水的运动规律之前，先来了解一下水的特征。水是一种液体，是一种没有固定形态的物质，无色、透明，常常以多种状态存在。

1. 水滴的运动规律

水有表面张力，因此，一滴水必须积聚到一定的量才会滴下来。水滴的运动规律是积聚、分离、收缩，然后再积聚、再分离、再收缩。一般来说，积聚的速度比较慢、动作小，画的张数比较多；分离和收缩的速度快、动作大，画的张数应比较少。

2. 水花的运动规律

水遇到撞击时，会溅起水花。水花溅起后，向四周扩散，降落。水花溅起时，速度较快；升至最高点时，速度逐渐减慢；分散落下时，速度又逐渐加快。物体落入水中溅起的水花，其大小、高低、快慢与物体的体积、重量以及下降的速度有密切的关系，在设计动画时应予以注意。

3. 水面波纹的运动规律

物体落入水中，会在水面形成一圈又一圈的圆形波纹；水面物体的游动、船只的行驶，会在水面形成人字形的波纹；微风吹来，平静的水面会形成美丽的涟漪。

图形波纹：物体落入水中造成的波纹由中心向外扩散，圆圈越来越大，逐渐分离消失。

人字形波纹：人字形波纹由物体的两侧向外扩散，并向物体行进的相反方向拉长、分离、消失，其速度不宜太快。

涟漪：风与水面摩擦形成涟漪，如果风再吹向涟漪的斜面，就成为小的波浪，表现这种波纹最简单的办法就是画几条波形线，使之活动起来。

4. 流水的运动规律

用水面光斑的移动表现流水，此方法较简单。只要画几块浅色的光斑，放在画有水面底色的背景上，逐格移动，就可造成平静的水面缓缓流动的效果。

通过平行波纹线的运动表现流水，为了加强其运动感，可在每一组平行波纹线的前端加一些浪花和溅起的小水珠。通过不规则的曲线形水纹的运动表现流水。用弧线及曲线形水纹的运动表现湍急的流水，如瀑布、漩涡等。

5. 水浪的运动规律

江河湖海中的波浪是由千千万万排变幻不定的水波组成的。在风速和风向比较稳定的情况下，一排排波浪的兴起、推进和消失比较有规律；在风速和风向多变的情况下，大大小小的波浪，有时合并，有时冲突。冲突后，有的消失，有的继续推进，此起彼伏，千变万化，令人眼花缭乱。

在表现大海的波涛时，为了加强远近透视的纵深感，往往分成 A、B、C 三层来表现，C 层画大浪，B 层画中浪，A 层画远处的小浪。大浪距离近，动作大，速度快；中浪次之；小浪在远处翻卷，速度比较慢。由于速度不同，分开来画，也比较容易掌握。

（二）雨的运动规律

在动画片中，经常出现下雨的镜头。雨产生于云，云里的小水滴互相碰撞，合并增大，当上升气流托不住它时，它便从天上掉下来，成为雨。雨的体积很小，降落的速度较快，因此，只有当雨滴比较大或是距离人们眼睛比较近的时候，才能大致看清它的形态。在较多的情况下，人们看到的雨，往往是由视觉的暂留作用而形成的一条条细长的半透明的直线。所以，动画片中表现下雨的镜头，一般都是画一些长短不同的直线掠过画面。雨从空中降落时，本来是垂直的，但由于风的作用，所以人们看到的雨点往往都是斜着落下来的。

为了表现远近透视的纵深感，雨一般画三层。

前层：画比较短粗的直线，夹杂着一些水点，每张动画之间距离较大，速度较快；中层：画粗细适中而较长的直线，比前层可画得稍密一些，每张动画之间的距离也比前层稍近一些，速度中等；后层：画细而密的直线，组成一片一片的表现较远的雨，每张动画之间的距离比中层更近，速度较慢。

雨不一定都是平行的，也可稍有变化。三层雨的不同速度，可通过距离大小和动画张数的多少来加以区别。

绘制一套可供多次循环拍摄的雨，前层至少要画 12 ~ 16 张，中层至少要画 16 ~ 20 张，后层至少要画 24 ~ 32 张。也就是说，至少要比雨点一次掠过画面所需要的张数多 1 倍，这样就可以画两组构图有所变化的动画，循环起来才不会显得单调。

雨的颜色应根据背景颜色的深浅来定，一般使用中灰或浅灰，只需描线，不必上色。

（三）火的运动规律

火是可燃物体在燃烧时发出的光焰，它也是动画片中常常需要表现的一种自然现象。动画片表现火主要是描绘火焰的运动，因此要研究火焰的运动规律。

火焰除了随着物体在燃烧过程中发生、发展、熄灭而不断变化其形态之外，还会受气流强弱的影响，出现不规则曲线的运动。大体上可以把火焰的基本运动状态归纳为 7 种：扩张、收缩、摇晃、上升、下收、分离、消失。这 7 种基本运动状态和不规则的曲线运动，就是火焰运动的基本规律。无论是小小的火苗还是熊熊的烈火，它们的运动都离不开这些基本规律。

小火苗的表现方法：小火苗的动作特点是琐碎、跳跃、变化多。可以用十几个画面表现其摇晃、上升、下收、分离等不同的运动状态。

较大一些的火（如柴火、炉火等）的表现方法：稍微大一点的火，实际上是由几个小火苗组成的，其动作规律与小火苗基本相同，只是动作速度比小火苗要慢一点。一般来说，表现这样的火，画 10 张左右原画就够了。如在拍摄时，再用抽去部分动画的方法改变速度，并穿插一些不规则的循环，动作变化就更多了。

大火的表现方法：大火是由许多小火苗组成的，如果用一条虚线把许多弯曲的线条框起来，就成为一个大的火苗。把两堆火连接起来，就是一堆更大的火。

在表现大火时，要注意处理好整体与局部的关系。整体的动作速度要略慢一些，局部（小火苗）的动作速度要略快一些；每个小火苗在随着总体运动时，其本身的动作变化要比总体的动作变化更多一些。因此，在设计关键动作（原画）时，既要注意整个外形的动作变化及速度，又要注意每一组小火苗的动作变化（扩张、收缩、摇晃、上升、下收、分离、消失等）及速度。同时，无论原画或动画，都要符合曲线运动的规律。

火熄灭时的动作是：一部分火焰分离、上升、消失；另一部分火焰向下收缩、消失，接着冒烟。

（四）风的运动规律和表现方法

风是日常生活中常见的一种自然现象。空气流动便成为风，风是无形的气流。一般来讲，人们是无法辨认风的形态的，在动画片中，可以画一些实际上并不存在的流线来表现运动速度比较快的风。但在更多的情况下，人们还是通过被风吹动的各种物体的运动来表现风。因此，研究风的运动规律和表现风的方法，实际上就是研究被风吹动着的各种物体的运动规律和具体的表现方法。

在动画片中，表现自然形态的风大体上有三种方法。

1. 运动线表现法

凡是比较轻薄的物体，如树叶、纸张、羽毛等，当它们被风吹离了原来的位置，在空中飘荡时，可以用物体的运动线来表现风。在设计这类物体的运动线及运动速度时，应考虑到下面几个因素：风力强弱的变化，物体与运动方向之间角度的变化（仰角时上升，反之则下降），物体与地面之间角度的变化，接近平行时下降速度慢，接近垂直时下降速度快。

由于这些因素的影响，物体在空中飘荡时的动作姿态、运动方向以及速度都不断发生变化。当人们根据剧情以及上述因素设计好运动线并计算出这组动作的时间后，可以先画出物体在转折点时的动作姿态作为原画。然后按加减速度的变化，确定每张原画之间需加多少张动画以及每张动画之间的距离。加完动画后，连接起来，就可以表现出物体随风飘荡的运动了。这样虽然没有具体地画风，人们却从风的效果中感受到了风的存在。

2. 曲线运动表现法

凡是一端固定在一定位置上的轻薄物体，如系在身上的绸带、套在旗杆上的彩旗等，它们被风吹起而迎风飘扬时，可以通过这些物体的曲线运动来表现风。

3. 流线表现法

旋风、龙卷风以及风力较强、风速较大时，仅仅通过被风吹动的物体的运动来间接表现风是不够的，一般都要用流线来直接表现风的运动。

运用流线表现风，可以用铅笔或彩色铅笔按照气流运动的方向、速度，把代表风的运动的流线在动画纸上一张张地画出来。有时，根据剧情需要，还可在流线中画出被风卷起的沙石、纸、树叶或是雪花等，以加强风的气势，制造飞沙走石、风雪弥漫的效果。

（五）雪的运动规律和表现手法

气温低于 0℃时，云中的水蒸气直接凝结成白色的晶体成团地飘落下来，这就是雪（雪花）。

雪花体积大、分量轻，在飘落过程中受到气流的影响，就会随风飘舞。这里介绍两种表现雪的方法。

1. 雪花在微风中飘舞着轻轻落下

表现雪的方法与表现雨的方法有相似之处，为了表现远近透视的纵深感，也可分成三层来画：前层画大雪花，中层画中雪花，后层画小雪花，最后结合在一起拍摄。

三层雪花各画一张，画出雪花飘落的运动线，运动线呈不规则的 S 形曲线。雪花总的运动趋势是向下飘落，但无固定方向，在飘落过程中，可出现向上扬起的动作，然后再往下飘。有的雪花在飘落过程中相遇，可合并成一朵较大的雪花，继续飘落。

前层大雪花每张之间的运动距离大一些，速度稍快；中层次之；后层距离小，速度慢，但总的飘落速度都不宜太快。

绘制一套雪花飘落动作，可反复循环使用。每张动画一般拍摄两格，为了使速度有所变化，中间也可穿插一些拍一格的动画图片。为了使画面在循环拍摄时不重复，在动画设计时，应考虑每一层的张数不同，错开每一层的循环点。

2. 暴风雪

暴风雪的运动速度很快，一般只需几格就可掠过画面。由于运动速度快，所以设计稿上不必画出每朵雪花的运动线，也不必明确标出每朵雪花的前后位置。只要设计好整个雪花的运动线及每张画面之间的距离即可。

（六）烟的运动规律和表现方法

烟是可燃物质（如木柴、煤炭、油类等）在燃烧时所产生的气状物。由于各种可燃物质的成分不一样，所以烟的颜色也不同：有的呈黑色，有的呈青灰色，有的呈黄褐色等。同时，由于燃烧程序不同，烟的浓度也不一样。燃烧不完全时，烟比较浓烈；燃烧完全时，烟比较轻淡，甚至几乎没有烟。

烟的形状及其扩散形式与下层大气的稳定程度密切相关。例如，由烟囱排出的烟就可分为下列几种形式：

1. 波浪形

在不稳定气层中的烟，上下波动很大，呈波浪形，并沿主导风向湖扩散。

2. 锥形

在中等稳定状的气层中或风力较强时，烟呈锥形，沿主导风向流动扩散。

3. 扇形

在稳定气层中（逆温层内），一般风速很弱，烟在上下方向几乎无扩散，若从上下方向看去，烟呈扇形；若从侧面看去，烟则呈带形。

4. 屋脊形

白天的气层不稳定，从日落后地面冷却开始，其下面变成稳定层，上层出现不稳定层。于是，烟就不向下方扩散，而只向上方扩散，呈屋脊形。

5. 熏烟形

早晨的太阳照暖了地面和接近地面的空气，夜间形成的下层大气的稳定层从下面开始破坏，使烟在上方不扩散，只在下方扩散，称为熏烟形。这时，一般风力较弱，烟带浓度较高。

由此可见，气流对烟的形状和运动影响很大。因此，在动画片中设计烟的形状和动作，也要根据剧本中规定的情景，选择适当的表现方式。动画片表现的烟，大体上可分为浓烟和轻烟两类。浓烟造型多呈絮团状，用色较深，并分为两个层次；轻烟造型多呈带状和线状，用透明色或比较浅的颜色。

轻烟一般只表现整个烟体外形的运动和变化，如拉长、摇曳、弯曲、分离、变细、消失等。浓烟除了表现整个烟体外形的运动和变化之外，有时还要表现一团团的烟球在整个烟体内上下翻滚的运动。

在实际中，还须在此基础上加以变化，如有的烟球逐渐扩大，有的逐渐缩小；有的互相合并，有的互相分离；有的翻滚速度快，有的翻滚速度慢。同时，还要注意整个烟体外形的变化，一般来说，整个烟体的运动速度可以偏慢一些，烟体中部分烟球的运动速度可以偏快一些，力求表现出浓烟滚滚的气势，而不要显得机械、呆板。

（七）云的运动规律和表现方法

形成云的主要原因是潮湿空气的上升运动。潮湿空气在上升过程中，气温逐渐降低，在一定的气温下，一部分水泡附着在空中的烟粒微尘上成为小水滴或小冰晶，统称为云滴。小而密集的云滴聚在一起，被空气中的上升气流托着，就成为悬浮在空中的云体。

云的形状千变万化，有的体态比较结实，如城堡云、宝塔云、馒头云等；有的体态比较轻盈，如带状云、钩状云、絮状云、鳞片云等；有的体态比较沉重，如雷雨时密布天空的乌黑的悬球云等。由于空气的对流运动以及云体内部的运动，云的形状不断发生变化，有的发展扩大，有的缩小消失，有的互相分离，有的互相合并。除了在少数情况下（如乌云翻滚、风卷残云等）云的运动速度较快外，一般来说，云的运动速度都是比较缓慢、柔和的。

在多数动画片中，都是把云画在背景上，除了随着背景移动外，不去表现云体本身的运动。但在有些动画片中，也要直接描绘云体本身的运动，有时是为了渲染气氛，有时是将云作为拟人化的角色。这里讲的主要是作为自然形态的云体的运动。

动画片中云的造型大体上有两类：一类是比较写实的，另一类是装饰图案型的。表现云的运动可以先画原画，再加动画，也可以画好设计稿以后，一张张地顺序画下去。云的形状要不停地变化，否则容易呆板，但动作必须柔和，速度必须缓慢。

（八）雷电的运动规律和表现方法

打雷闪电往往发生在空气对流极其旺盛的雷雨季节。雷雨云是带电的，一边带有正电，一边带有负电。当带电的云层正负电荷之间，或是云层与云外物体的正负电荷之间的电磁场差大到一定程度时，正负电就会互相吸引，产生火花放电现象。火花放电时产生的强烈闪光叫闪电。放电时温度很高，使空气突然膨胀，发出巨大的响声，就是打雷。

闪电的光带有的比较垂直，有的比较平斜。地方性的雷雨云，一般是垂直发展的，闪电的光带自上而下，叫“直雷”；地区性的雷雨云往往有个平斜面，因此，闪电的光带比较平斜，叫“横雷”。

闪电的速度很快，由一个“先导闪击”开始，紧跟着是“主闪击”，接着主闪击而来的是一系列的放电，数目可达 20 个以上。由于整个放电过程一般只有半秒左右，所以肉眼无法区别，只能感到一系列明显的闪烁。相比之下，雷声持续的时间要长得多，有时甚至可达 1 分钟之久。

动画片中出现闪电的情况不多，有时根据剧情的需要，为了渲染气氛，也要表现电闪雷鸣。动画片表现闪电时，除了直接描绘闪电时天空中出现的光带以外，往往还要抓住闪电时的强烈闪光对周围景物的影响，并加以强调。动画中闪电的表现方法有两种，发生闪电的天空，总是乌云密布，周围景物也都比较灰暗。当闪电突然出现时，人们的眼睛受到强光的刺激，感到眼前一片白，瞳孔迅速收小；闪电过后的一刹那，由于瞳孔还来不及放大，眼前似乎一片黑；瞳孔恢复正常后，眼前又出现闪电前的景象。

因此，它的基本规律是：正常（灰）—亮（可强调到完全白）—略（可强调到完全黑）—正常（灰）。在半秒钟的放电过程中，闪电次数很多，在十几帧的动画中闪烁两三次。

第三节　运动动画

在 Flash 中有两种补间动画，一种是运动补间动画，另一种是形状补间动画。运动补间动画用于制作物体的移动、旋转、缩放、变色等动画效果，通常简称运动画。运动画只需设置首尾关键帧中对象的位置、颜色、Alpha 值等属性，系统会自动生成中间的“补间”，实现动画效果。

制作运动画需要满足的条件是应用的对象必须为元件、位图、组合对象或绘制对象。

一、移动的小球

通过制作一个小球从左向右移动的简单动画，介绍运动画的基本原理和制作方法。

第一，新建 Flash 文档，在菜单栏选择“修改”“文档”，改变文档背景颜色。

第二，在舞台上（时间轴的第 1 帧）用椭圆工具绘制一个小球并用“填充颜色工具”对其填充颜色，可选择任意一种颜色。

第三，右击时间轴的第 1 帧关键帧，在弹出的快捷菜单上选择［创建传统补间］命令。

第四，创建传统补间时，Flash 自动将关键帧上的小球转变为元件（自动命名为“补间 1”），此时舞台上的小球被一个淡蓝色的边框围住，左上角有一个“+”号。

第五，选择时间轴的第 30 帧，按 F6 功能键插入一帧关键帧，可以看到时间轴上有箭头连接了第 1 帧和第 30 帧这两帧关键帧，它们之间的第 2 帧至第 29 帧也就是所谓的“补间”，由 Flash 自动生成。

第六，选择时间轴的第 30 帧，按住鼠标左键并拖动舞台上的小球，将它拖到舞台的右侧。

第七，此时按回车键测试动画，可以看到小球从舞台左侧移动到舞台右侧的动画效果

第八，按“Ctrl+L”热键打开 Flash 的“库”面板，可以看到里面多了一个补间元件。

第九，保存文件并按“Ctrl+Enter”组合键测试动画。

二、小鸟飞翔

制作一只小鸟不停地扇动着翅膀向前飞翔的动画。实际上，这个动画是由一个逐帧动画和一个运动画组合而成的。首先借助逐帧动画，将 3 张图片制作成一只小鸟在原地扇动翅膀的影片片段，这个影片片段又叫作“影片剪辑”元件。然后利用这个元件作为素材，在主场景中制作一个运动画。

影片剪辑是 Flash 中三种元件之一，在影片剪辑中有自己的编辑窗口、时间轴和属性。它具有交互性，是用途最广、功能最多的部分。

第一，新建 Flash 文档，单击菜单“视图”“网格”“显示网格”，选择“文件”“导入”“导入到库”，将图片“01bird”“02bird”和“03bird”全部导入库中。

第二，用逐帧动画制作一个影片剪辑。单击菜单“插入”→“新建元件”命令，创建一个新元件“小鸟”，元件类型选择影片剪辑，单击“确定”按钮，进入影片剪辑编辑窗口。

第三，在影片剪辑编辑中单击图层 1 的第 1 帧，将库中“0lbird”拖到舞台上，图片左上角对准舞台中的“+”号。右击时间轴上的第 2 帧，选择“插入空白关键帧”，选中第 2 帧，将库中的“02bird”拖到舞台上，此图片应与第 1 帧的图片位置对齐。

第四，用同样的方法，将图片“03bird”放到时间轴的第 3 帧上，位置与前两张图片对齐。

第五，在舞台左上角单击“场景 1”按钮，回到场景 1 的编辑窗口，单击选中场景 1 时间轴的第 1 帧。在舞台右上角单击“库”按钮打开库面板，用鼠标按住“库”中“小鸟”影片剪辑元件的图标，将“小鸟”元件拖到舞台的左下方。

第六，右击场景 1 时间轴的第 1 帧，在弹出的快捷菜单中选择“创建传统补间”命令。

第七，单击选中时间轴第 40 帧，按 F6 功能键插入关键帧，将第 40 帧上的小鸟拖曳到舞台的右上角。

第八，保存文件，按“Ctrl+Enter”组合键测试动画，可以看到小鸟不停地扇动翅膀，从画面的左下角飞向右上角，动画效果逼真。

第四节　变形动画

在动画制作实践中，我们不仅需要制作人物运动的效果，而且常常需要制作人物形状发生变化的效果，变形动画就可以满足这方面的需要。

变形动画又称为形状补间动画。变形动画只需设置首尾两个关键帧上对象的形状、颜色、Alpha 值等属性，系统会自动生成中间的“补间”，实现变形动画效果。

制作变形动画需要满足的条件是应用对象的属性必须为“形状”。位图、文字、元件、组合对象或绘制对象等都不能直接用于制作变形动画，位图、文字等经过分离处理变为“形状”对象后才能使用。

一、图形互变

本例通过一个由圆形变为矩形的简单例子，介绍变形动画的原理和制作方法。由圆形变为矩形的最终动画效果如图 2-6 所示。

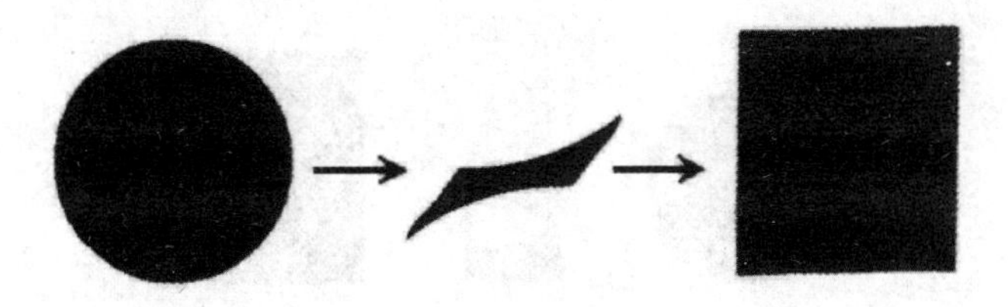

图 2-6　变圆为矩效果

第一，新建 Flash 文档，选择图层 1 的第 1 帧，用椭圆工具绘制一个无边框的圆形。

第二，在图层 1 的第 30 帧单击鼠标右键，在弹出的快捷菜单中选择“插入空白关键帧”，接着用矩形工具在舞台上画一个矩形。这样就确定好了变形的初始状态为圆形和终止状态为矩形。

第三，右击第 2 ~ 29 帧中任何一帧，在弹出的菜单中选择“创建补间形状”，两个关键帧之间有一个箭头相连接，表示从第 1 帧过渡到第 30 帧的中间过程由程序自动生成。

第四，此时按回车键或者拖动播放指针测试动画，可以看到圆形以 Flash 默认的方式，逐渐变成一个矩形，如图 2-7 所示。

图 2-7　圆变矩的过程

第五，选择图层 1 第 1 帧，然后选择菜单栏的“修改”→“形状”→“添加形状提示”命令，为形状变化添加提示点。此时舞台中的圆中增加了一个红色的字母“a”，用鼠标单击字母“a”并拖曳至圆的边缘处。

第六，选择时间轴的第 30 帧，可以看到正方形中央也多了一个字母“a”，用鼠标单击并拖曳至正方形的左下角，会发现字母“a”由原来的红色变成了绿色。

第七，此时按回车键测试动画便发现原来的变形动画已经发生变化，效果如图 2-8 所示。

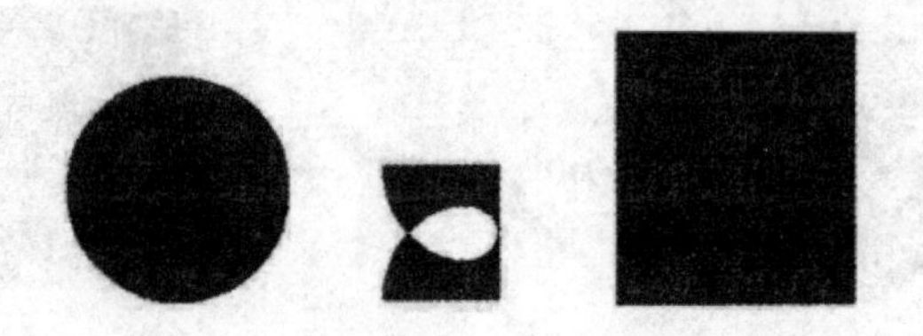

图 2-8 圆变方形状变化过程

第八，用同样的方法添加另外 3 个提示点并放置好位置。

第九，保存文件，按“Ctrl+Enter”组合键测试动画效果，可见动画变形过程按设置的 4 个提示点位置一一对应进行。

二、图文互变

前面通过“圆变方”的简单实例，我们对变形动画的基本原理、制作方法以及提示点的作用等有了初步的了解。本例通过图形变成文字进一步学习变形动画的制作以及文字分离的操作。

第一，新建 Flash 文档，选择图层 1 的第 1 帧，在舞台中间用椭圆工具绘框的椭圆，用颜料桶工具填充颜色。

第二，在图层 1 的第 30 帧单击鼠标右键，在弹出的快捷菜单中选择插入空白关键帧，单击文本工具，在舞台中间输入“变形动画”四个字，再在第 45 帧单击右键，选择“插入帧”。现在就确定好了变形的初始状态为圆形和终止状态为“变形动画”四个字。

第三，选择第 30 帧，选中文字单击右键，选择“分离”命令，对着文字再次单击右键，选择“分离”命令，也就意味着对“变形动画”四字进行两次分离。文字经过两次分离后变为“形状”属性，才能用于制作变形动画。

第四，选择第 1 帧单击右键，选择“创建补间形状”命令。

第五，保存文件并按“Ctrl+Enter”组合键测试动画，可以看到图形与文字互变的动画效果。

三、文字互变

通过文字互变来深入学习变形动画的制作方法，需要注意的是文字必须分离成“形状”对象后才能创建变形动画。

第一，新建 Flash 文档，选择图层 1 的第 1 帧，在舞台中用“文本工具”输入“忽如一夜春风来”，字体大小选择 50，颜色选择红色。

第二，单击图层 1 的第 15 帧，按 F6 功能键插入关键帧；单击第 45 帧，按 F7 功能键插入空白关键帧，在第 45 帧用文本工具在舞台中输入文字“千树万树梨花开”。单击选中文字，在舞台右边的属性面板中修改第 1 帧、第 15 帧和第 45 帧文字的位置。最后单击第 60 帧，按 F5 功能键插入延长帧。

第三，分别选择第 15 帧和第 45 帧，对两句诗句分别进行两次分离，再在第 15 帧单击鼠标右键，选择“创建补间形状”命令，形成文字互变的动画。

第四，保存文件并按“Ctrl+Enter”组合键测试动画，可见从“忽如一夜春风来”逐渐变为“千树万树梨花开”的动画效果。

四、贺卡制作

利用文字互变动画作为贺词，再添加背景图片制作成简单的贺卡。

第一，新建 Flash 文档，选择图层 1 的第 1 帧，选择“文件”“导入”“导入舞台”命令，将准备好的背景图片“月光”导入舞台上。

第二，单击变形工具，调节图片大小至与舞台相同，选择第 60 帧，单击鼠标右键，选择“插入帧”命令。

第三，单击时间轴窗口的“新建图层”按钮，在时间轴上新建图层 2，这个图层用来制作变形文字。

第四，锁定图层 1，选择图层的第 1 帧，在舞台中用“文本工具”输入“但愿人长久”5 个字。

第五，选图层 2，在第 20 帧插入延长帧，在第 40 帧插入空白关键帧，在舞台中用文本工具输入“千里共婵娟”5 个字，在第 60 帧插入延长帧。

第六，分别选择第 20 帧和第 40 帧，对两句诗句进行两次分离，再在第 20 帧单击鼠标右键，选择“创建补间形状”命令，形成文字互变的动画。

第七，保存文件并按“Ctrl+Enter”组合键测试动画。

第三章　动画制作的基础设计

第一节　动画设计的策划定位

在设计动画角色之前，首先要研究剧本，了解和熟悉故事中角色的信息，如角色的年龄、个性、体形、职业等，并了解故事情节，发生的年代、背景。其次要与导演和剧作者沟通，领会导演的意图和设想，然后开始设计。设计的程序与方法一般有两种。

第一种方法：先根据动画脚本建立角色的文字档案，如角色的职业、身份、性格、形象特点等，然后构思和寻找相关参考资料，接着画大量的草图，再分析和比较草图，最后完成正稿。

第二种方法：这一类创作一般先确定角色和背景，再创作剧本。在对角色进行构思与酝酿的同时，从勾画草图入手，先勾勒出基本形象，边设计边思考，逐步完善角色的造型。

一、动画的主题

动画剧本的选题是动画剧本创作的开端，其主要任务是要解决动画剧本创作中的方向问题。很多时候是有了主题，再设定故事。在剧本的整个创作过程中，主题的确立被放在首要位置，起着主导作用。深刻的思想，独特的构思，明确而具有现代性的主题，是动画片成功的首要条件。

好的主题对于整部动画片能起到剔除、整理、归纳的作用；相反地，如果故事缺乏一个清晰的主题，那么所谓的故事情节就会像一个个片段一样掺杂在其中，这样的作品本身就模糊不清，没有思想深度，无法吸引观众。在一部动画片中，随着故事情节的不断发展，同时可以体现出多种思想内涵；但仅有一条情节线索贯穿始终，剧本的主题必须突出，多个主题的并行阐述最终会使一部动画片失去主题。

动画剧本题材的挖掘可以从两方面入手：一是紧抓传统文化，民族的就是世界的。转换思想，在创作中可以借传统背景思路构造新型故事，一方面增添了娱乐性，另一方面融入了民族精神，又起到了寓教于乐的作用。例如，《花木兰》取材于中国广为流传的民间故事木兰代父从军，并从整体上借鉴了中国画的一些技法，颇具东方文化底蕴。二是对现实社会生活的重视，用平等的视角观察讲述生活。如全球变暖问题、保护环境问题和道德问题都能成为观众感同身受的焦点。具体到动画片所选取的素材来讲，其实是包罗万象的，既可以是国内的，也可以是国外的；既可以是古代的，也可以是现代的；既可以是纪实的，也可以是虚构的。应该说各种类型的事件、文学作品，都有被拍成动画片的可能性，只不过处理素材的方式和切入的角度有所不同。在这方面有许多成功的范例，只有二百年历史的美国其动画选材从本土到异域、从微观小昆虫到庞然大动物、从活生生的人到原本毫无生命的物，只有没想到的，没有不能成为他们创作对象的。《海底总动员》中一对彼此找寻的小丑鱼父子，《虫虫特工》渴望自由的蚂蚁等，其题材可谓是上天入地、包罗万象。例如，在《风之谷》中，人与人、人与生物之间的关系成为全剧的主要元素，女主人公娜乌茜卡在这些关系中周旋、斗争，演绎出一个深入人心的勇敢、细心和坚韧不拔的女英雄形象。而宫崎骏丰富的想象力构造出的一个与现实环境完全不同的世界——遍地的黄沙，古怪的植物昆虫，还有代替马使用的鸵鸟，水上飞机、飞艇等，完全是一幅幅世界末日后的“真实景象”。由此可以得出结论，创作选题关键的因素是做到学会利用不同文化的融会贯通，凸显出动画创作本身多元化的内涵，日本动画片《龙猫》故事的前身，就来源于作家宫崎骏幼年时家乡的传说；美国梦工厂的动画片《埃及王子》来自里摩西带领希伯来人波海寻求自由的典故；荣获奥斯卡最佳动画短片奖的定格动画片《彼得与狼》则来自经典童话故事；而我国美术片时代的很多经典作品如《哪吒之魔童降世》《青蛇》等来自我国的经典小说或民间传说。故事大多是从生活中来的，是随意创作出来的，可以是报纸上的一小段新闻，也可以是听过的传说，或者是自身的一次经历。

如何在动画创作的初始便确定一个较好的主题呢？这需要长期不懈的努力，需要日常生活中点滴的累积，“熟读唐诗三百篇，不会作诗也会吟”说的就是这个道理。总之，导演的兴趣越广泛，动画的主题越容易被导演所捕捉，只要这些兴趣能够激发导演的创作欲望，这就是一条成熟的寻求主题的途径。但是要谨记编导的逻辑思维，别忘记了使命是在寻找一个自己感兴趣的主题。

进行动画剧本的选定主要有“原案策划”和“原作策划”两种。“原案策划”指动画公司旗下的导演或动画家通过自己开始写策划书来寻找投资人，是属于全部原创的策划，主要的目的在于自己的人生体验和思想观念的表述及动画语言的探索，这种创作思路引导下的动画作品大都具有实验性和探索性的非主流艺术特征，在动画的片头看到“原案”二字的通常是属于此类型。萨格勒布动画学派的动画短片《挽歌》，讲述一个悲伤的囚犯，透过小窗看到一朵正在长大的小红花，顿时充满了希望。他为它挡雨、遮风、浇水、捉虫……然而当他出狱后，却满不在乎地把箱子丢在路边，不再关心这朵花的生死。该片表现“受难的小人物”身上极端矛盾的集冷酷无情和善良于一身的内心世界，引起了观者内心深处的感慨。整部动画片简单而随意，叙事结构简单，画面也没有特别的精雕细琢，线条简单而流畅，这种极端处境下的人性就是作者想要表达的深层主题。日本动画系列片《蜡笔小新》运用了观众喜爱的现代动画语汇，将日常生活用夸张、独特的搞笑手法展现出来，主角小新与同龄孩子格格不入的大人口吻和成人笑料使全片充满了喜剧色彩。这使得该片在推出后受到不同国家各个年龄层次观众的喜爱，蜡笔小新的形象也由此深入人心。

原作策划在每一年度的策划会议里，动画公司的制作人或决策人相中一本漫画或小说，觉得拍成动画有其市场价值，通过此动画的代理商买下使用动画的权利。通常以实现商业价值为其最终的创作目的，这种创作通常都具有流行化、类型化和模式化的创作特征。在动画的片头看到“原作”这两个字的通常属于此类型。这一类改编的对象范围很广，如戏剧、小说、散文、诗歌、故事、民间传说、神话、漫画、连环画等，都可以进行艺术再创作，在改编类的作品中，《狮子王》是最具有代表性的成功作品。这个故事是莎士比亚名著《王子复仇记》的动画演绎，而当剧作家把故事的背景换到了非洲草原并且通过去非洲考察收集了当地一些风土民俗作为辅助素材，对这些材料进行加工之后变成了以草原上狮子家族情仇兴衰为主要线索的故事：作品借助小狮子辛巴生动地演绎了一个关于命运与责任、忠诚与背叛的深刻主题，使这部作品拥有众多的观众，并且被许多动画家评价为最优秀的动画作品。选择这种创作方式有一些得天独厚的优势，因为原作本身已经是一个得到认可的作品，在造人物、故事构思方面比较优秀，为以后的影片打下了坚实的剧本基础。对初学者来说，进行原作改编的创作练习，对认识剧本的特性，认识动画的特性都很有好处。

二、动画主题的特点

动画具有其喜闻乐见的表现形式和其独特的艺术魅力，由于受众的广泛性，取材范围的宽泛性，动画电影所能表达的主题也空前丰富。总体而言，美国动画的商业性、娱乐性总是摆放在第一位的，所以它的主题总是较为直白，表现的往往是友情、爱情、正义战胜邪恶、个人英雄主义、冒险、寻宝之类的内容。日本动画的主题一般都比较隐喻，倡导环境保护、鞭挞人性的丑恶、批评科技的负面作用等居多。如《攻壳机动队》中人类对自身的质疑和反思，《幽灵公主》中自然与人类的对立和融合，又如《千与千寻》中人对自我本性的追溯和《最臭武器》中对残酷战争的控诉。随着动画市场的完善，各国都形成了各自的风格。综合而言，好的动画剧本一般会具有以下的主题。

（一）特点独特

克斯动画为什么能让亿万观众所接受呢？主要原因就是给观众耳目一新的事物观看，观众就会想看、愿看、心甘情愿地进入电影院。之前在全球票房获胜的跟亲情和友情有关的动画片，引领了一大批剧本创作者跟风临摹相似的故事，然而如今这些故事已经让观众觉得老套无味。“温馨式”的美女帅哥式的王子公主完美爱情已经过时，“正义必将战胜邪恶”式的故事情节也已泛滥。因此，剧本创作不存在可以复制的成功，唯一的法宝就是创新，而这就需要编剧巧妙地借助想象的翅膀去创作吸引观众眼球的好故事。新鲜有趣的情节毋庸置疑是强大卖点，如此设置打破了观众久已有之的思维定式，极富新鲜感与趣味性。

（二）时代感

富有时代感的动画电影，使观众通过影片能感受到时代的脉搏，引起发自内心的共鸣。如日本的《灌篮高手》，它是一部以校园故事为背景，以体育运动为表现题材的动画片。影片成功展现了一个活跃在观众眼前的朝气蓬勃的赛场，一群追逐理想、充满热情的青春少年，同时还穿插着少年们朦胧青涩的爱恋，散发着活跃、轻松、健康的青春气息。这类题材的影片无论从生活方式和心理状态都贴近同龄人，因此受到青少年观众的欢迎。

日本动画大师宫崎骏的系列作品，如《风之谷》《幽灵公主》等影片，改变了长久以来形成的动画片以儿童为主要受众的观念，跨越了观众的知识结构和年龄层次，获得了成人世界的认可。他充分发挥动画电影独特表现形式的优势，创造出神奇的魔幻世界，赋予作品深刻的思想内涵。他的作品对人类、自然、文明、冲突、生命及其存续等主题进行了极为深刻的探讨，不仅具有实拍电影无法比拟的观赏性，还展示了创作者契合时代脉搏和对各种社会问题的思考。

（三）商业性

商业性是主流动画影片的重要特征，绝大部分的动画影片是作为一种当代的快餐文化而存在的，商业类的作品永远是动画创作的主流，所以动画剧本的创作者还应该具备市场意识，使影片具有商业娱乐效果。优秀的剧作者会将观众的审美特点和观赏习惯作为创作剧本的参考要素，并对不同年龄层次的观众进行针对性的侧重。日本整体的动漫市场发展得已经相当成熟，其受众的人口比例、年龄结构、消费习惯和相应的动漫作品的产量、题材类型及整体的产值和文化影响，都是其他国家难以比拟的。动画和动漫产业之所以在日本能有这样的繁荣，很重要的一点就在于，他们更好地理解和把握了动画的商业性特征。在动画剧本的开发创作上，他们具有很强的针对性，根据观众不同的兴趣层次、年龄层次、性别层次、观念层次、文化层次、消费层次等进行各种不同的选材开发。

三、动画主题的表现

动画主题的表现是剧本创作的起点。动画剧本创作需要像朋友一样引领大家去玩，去探索，去冒险，在这个过程中让人们身心愉悦地去领悟生命，尊重生命。动画剧本的深层主题是动画作品的灵魂与核心，但是动画作品绝不是简陋和粗暴的说教，不论故事主题是积极还是消极，是深刻还是浅显，它都需要有生活在具体环境中的具体人物及其具体行为和过程来加以体现；需要通过具体故事中具体人物的遭遇、痛苦、追求和行动来承载。通过具体环境中的具体人物的具体动作演化发展过程（表层主题），来表达与之对应的深层次的精神层面的思考（深展主题），这本身就是动画作品的基本手法和魅力所在。将抽象的主题巧妙地融入具体人物和具体事件，与在具体人物和具体事件中体现抽象主题，是动画剧作的两种相辅相成的双向思维模式。主题的具体化、人物化、动作化、冲突化，就是动画剧作的实质与过程。所以在创作剧本、表现主题时要突出以下特征。

（一）简洁明快的故事线索，质朴的感情表达

对一些经典的动画片进行分析会发现，在动画片剧本中，编故事的方式往往都是站在儿童的视角上，透过孩子质朴的眼睛来看世界，当成年人观看动画片时，也不由被其中那种美好、明朗的氛围所吸引，被主人公孩子般的执着、充满梦想、勇气十足所打动。美国哥伦比亚广播公司评价动画大师迪士尼的一段话，从另一个侧面对孩童式的质朴情怀做了最好的诠释：他明白纯真的童心决不会掺杂成人的世故。然而，每个成人却保留了部分未泯灭的童心。对小孩来说，这个令人厌倦的世界还是崭新的，还是有着许多美好的东西的；迪士尼努力把这些新鲜、美好的事物为已经厌倦了的成人保留了下来，这是全世界的一笔宝贵财富。

在如今的市场需求中，传统的故事铺陈似乎和人们变得遥远起来，因为现在消费者的消费观念是，在学习工作之余想彻彻底底地放松一把，所以没有哪个观众喜欢复杂的故事情节，复杂的情节不但给观众造成极大的心理负担，而且丝毫没有趣味性可言。如何用简单的故事来体现动画的趣味性更是一个重要的课题，更重要的是要明白创作剧本是面对所有欣赏的人而不是单纯地满足自己的欲望。过去高成本大制作的广告模式这几年已不复见，而更多的是影片有多有趣多好玩，这就是典型的简单故事描述复杂的剧情。

（二）丰富的想象创造力

动画片剧本在处理素材时，有独特的视角和讲故事的方式，也就是说，无论创作素材是什么，当它作为动画片的表现对象的时候，都需要以各种方式把想象力元素加入进去，如创造一个虚拟的故事空间，或是在角色身上加入神话的特点，还有的是在动作细节、故事细节中加入夸张想象。

在动画剧本创作当中，编故事往往都是采用儿童的视角，即采用以儿童富有想象力的思维方式为特征的“动画视角”。也就是说，无论素材是什么，当它作为动画来表现对象时，可以用不同方式把儿童天马行空的想象元素加入进去。用动画视角切入故事，并且在讲故事的过程中，会有具体段落体现出动画片特有的想象力特点。要打开思路，审视一下这种题材能否融入一些新鲜的、具有创造力和想象力的东西进去。突破常理，从与众不同的巧妙视角来创造幻想空间是一种很有效的方式。例如，三维动画影片有着与众不同的视角和切入点。此片乍一看同样讲述的是公主、王子加英雄救美的童话，只不过主角“英雄”是个绿色的怪物，连“公主”都很神秘，一会儿美女，一会儿怪物，甚至在得到真爱后永远成了怪物。这样的设计乍看起来很奇怪，按照一般的思维方式，一定是公主和王子相爱，爱情会让人变美。但本片偏偏反其道行之：公主爱上怪物并永远化身为怪物了。这个设计令人意外，同时也和人们以往看到的迪士尼经典影片美的结局大不相同。实际上，也给观众提出一个问题：非要王子公主的爱情才美吗？答案是真正的爱情不会受外部因素的影响，影片正是一个完美的大团圆结局。但正因为视角的转换，使故事与众不同，令人耳目一新，更进一步深化了主题。

动画片和想象力有着难以分割的关系。从剧本创作这个角度来看，首要的是挖掘题材本身的“想象潜力”。如宫崎骏的动画片《千与千寻》，故事情节并不复杂，讲述的是女孩小千为了救出变成肥猪的父母，而勇敢经历磨难的故事。主要线索相当单纯，但是创作者却为故事营造出了令人眼前一亮的虚幻环境，那个华丽而奇幻的溶池中，来来往往的都是形象各异的神仙鬼怪，连服务者都是怪模怪样的妖精。如灰姑娘、白雪公主、三只小猪等童话角色生活在人们周围，就像普通的邻居。有许多动画片都走不出“正义战胜邪恶”“小人物变成大英雄”“善有善报”的模式，但所有这些动画作品都为观众营造了丰富多彩、变幻莫测的幻想世界，这已成为动画片中最独特的、标志性的部分。人都喜欢新奇，喜欢探索、尝试。

（三）主题的隐蔽性

主题是一种理念，拙劣的编剧往往直接把主题摆到观众面前，总是担心别人看不懂甚至通过人物直白的话语来道破，或者更加幼稚地在影片当中加入文字解说，这在很大程度上会造成影片的浅陋，那是无奈与无才的表现。优秀的编剧则通过细节来塑造生动的人物形象，潜移默化、师其自然、水到渠成地将主题思想点明。

主题必鲜明，但是鲜明不等于直露。优秀的艺术作品都会留给欣赏者想象的空间，而这些空间往往是表达作品主题的最佳之处。日本动画《萤火虫之墓》就是一部以写实手法和旁观者的视角铺陈而出的战争悲剧，除去开头真实地展现空袭后的惨状外，片中并没有过多地描绘战争场景，而是通过单纯柔弱的孩子们的视角，使战争的残酷性深刻地展现在观众眼前，在糖果罐、萤火虫等感性道具的运用下，全剧弥漫着震撼人心的悲剧氛围。

突出主题并不是说要反复强调主题，对有些动画电影来说，主题的表达可能仅仅是提供了某种情调。

（四）通过夸张的细节设计来深化主题

在影视动画的创作中，不能直接告诉观众：这个情节很重要，那个人物很善良，而要让观众自己去发现。那么，当为动画故事设计了某种夸张元素之后，就要用细节去表现出来。有的动画故事发生在夸张的童话意境当中，画面往往是通过典型细节表达出来的，让人从动作、表情的细节都能看出角色的内心，看出故事的发展，因此画面的细节是尤其需要重视的。

细节的精心设计也会增加独特的观影情趣。动画的特点正是视觉的夸张，这是征服观众最有力的武器，也必定要对人类幻想进行屏幕上的心理实现。人们常常说现实生活过于平淡，不够戏剧化，现实生活中的情节，有时不够典型。通过把某类情节的细节极端化，把某类人物的动作特点集中到一个角色身上，再夸张放大，动画风格就会变得更加鲜明独特。正如迪士尼所说的：夸张就是动画的本性。在动作、情节中加入夸张元素，为动画增加有特色的细节非常重要。

（五）由情节来体现主题

由故事细节来推动主题，从整体叙事结构来看，此片是比较经典的顺序结构。故事的脉络十分严谨规矩，并没有什么新的突破。但片中加入了一些独特的情节表现因素，挑战了人们以往对经典动画的认识，利用许多小情节调整了叙事的节奏与方向，不乏出人意料的效果，同时很有力地烘托了人物的性格。看似调佩，却又在普通的叙事中贴上了自己特色的标签，又同时完成了调整影片节奏与进度，从细处表现人物的性格。

第二节　动画设计的剧本创作

一、文字本的编写

任何动画片生产的第一步都是创作剧本，文学剧本是影视动画作品的基础，动画片质量的好坏很大程度上取决于其文学剧本，因此，选择和确定一个剧本是否投产是一项慎重的决策。任何一个动画故事作品的表现，首先考虑的便是剧本的构思，只有从剧本写作开始，才能将创作者脑海中构思的故事变成具体的文字来表达相应的人物性格、场景、故事情节，才能顺利地使一组组画面镜头变成现实。剧本是前期工作中的重要步骤。所有的人物设计、机械设计和美术设计都是以剧本为导向的。剧本通常是由制作人委托专人组稿、推荐，经有关专家研讨、策划，由制片人做出录用决定。导演接受剧本后，组织主创人员对剧本进行反复讨论研究，归纳意见，统一思想，统一认识。

剧本乃一剧之本，作为戏剧最基本的部分，一个故事的成败在剧本创作完成时已经打好铺垫。动画剧本是一部动画影片的基础，因为它不仅是动画影视作品的制作前提，还是动画作品导演的创作依据，是一部动画作品成功与否的关键之一。有经验的业内人员，当看到剧本时就能够准确地判断出未来影片的模样、它能否成功。所以看到一个存在硬伤的剧本，这些经验人士会说：一看剧本就知道这片子已经失败了。既然如此，哪个投资人会把自己口袋里的钱，哪怕是一分钱，投在一个没有潜力的剧本上呢？或者说，怎么可能把钱浪费在一个“满目疮痍”的剧本上呢？相反，一个精彩的剧本可能会招来无数有眼光的投资人的争相投资。剧本不扎实，会给后面的工序带来很多麻烦，如会给导演组织影片、演员的表演、后期剪辑等带来制约和障碍。说到此，又不得不用一句广泛适用于各个领域的话来阐释以上的观点，即剧本好比盖房子时所打的地基，地基不牢固，将来的房子一定是个“豆腐渣工程”，坍塌只是时间问题。尽管有时一个有经验的导演会使出浑身解数，解救和拔高一个并不出色，甚至千疮百孔的剧本，但终究难把它跻身于一流影片的行列，反而会让观众觉得这是一部空有一副华丽的外表，而实质内容空洞无味，或故事逻辑混乱不堪，再或人物设计根本就站不住脚的一部垃圾影片，也就是说，从它诞生开始就注定了失败。文字剧本是动画剧本创作的第一步。一部动画片是否精彩，是否有内涵、有意义，都源于剧本的构思和剧本所要表现的内容是否精妙和深刻。一部好的剧本不仅能让读者回味无穷，而且能激发后续动画创作的热情，给制作者无限的灵感。

（一）小说和剧本的区别

动画剧本同小说、诗歌、散文一样都属于文学创作，但动画剧本创作却在很大程度上有别于传统的文学小说、诗歌的创作手法，它更需要与画面相结合，是以画面的形式、以时间的方式表达想法、观念、故事，产生运动的艺术，让不可能的事变成可能，这也是动画最大的魅力所在。动画剧本的创作指的是用来指导图像创作和制作。所以，剧本就是一个屏幕，所要表现的是电影屏幕上能被观众直接看到及感受到的东西。剧本与文学作品的形式不同，文学作品中往往运用了较多的形容词性的描写，如复杂的心理活动描写，类似的描写在动画剧本中却无法存在，因为这类非具象的状态很难通过演员外部简单的语言、表情和动作去表现。动画剧本是一种特殊的应用文体形式，它服务于动画创作者，它是为未来的动画影片绘制的蓝图，它的最终指向就是动画影片。

首先，动画剧本不同于小说的是所有的人物动作及感情都需要以旁观者的身份详细描述。例如，一个角色很生气，由于每一个人生气的方法不同，所以不仅要描述他如何生气，也要非常详细地描述他的动作来说明角色的个性和特征，他是如何生气的？脚和手又是如何动作的？动画剧本与真人表演的故事片剧本有很大不同。一般影片中的对话，演员的表演是很重要的，而在动画影片中则应尽可能避免复杂的对话。在这里最重要的是用画面表现视觉动作，最好的动画是通过滑稽的动作取得的，一般没有对话，而是由视觉创作激发人们的想象。

其次，动画剧本的创作模式在很大程度上有别于传统文学创作。需要明确的一点是，动画剧本区别于小说或人物传记等文体形式，它是一种特殊的以动作和声音说明为主的应用文体形式。作为应用文体，它的创作目的并非像其他文学作品那样供广大读者阅读和欣赏，而是为动画的图像和声音创作提供蓝本。它在内容和写作方式上也明显地区别于其他文学作品。动画剧本指向动画影片，在写作的方式上自然就要服从于动画片的表现方式。既然动画影片是以连续性的图像（镜头）和声音为表现手段的媒体形式，动画脚本在内容上就必须明确地提供相应的图像和声音的描述及说明。在动画剧本创作时更侧重于画面效果的叙述。因为无论编剧如何创作，最终呈现在观众面前的仍然是一个个镜头画面。从叙述的方式上可以看出动画剧本着眼于画面性，如“清晨太阳升得高，微风吹过。主人公手里拿着一本书，身上背着一个红色的帆布书包”。这一句话都在标示画面的具体事物，不想给观众留有过多的画面想象空间。这样制作人员也能在很有限的范围内进行制作，不会因为每个人的想象空间过于不同造成制作困难。传统的小说类则不同于此，它们讲究语言的优美动听，更具有文学性和可读性，它会留给观众很大的想象空间，于是出现了很多个“哈姆雷特”。如南方的山向来不如北方的高大巍峨，到了冬日失去了往日晴朗，只留下了略带灰蒙的身影悄然耸立于天地之间。它守候的是一份寂静。在阅读的过程中读者的头脑里会浮现一连串的不同画面来演绎这个故事，不同的读者就会有不同的想象画面（画面指画幅、银幕、屏幕等上面呈现的形象）。动画剧本中的语言就是画面，通过个个具有典型特点的画面组成一个故事，在创作时脑子中显现更多的应该是画面，而不是文字，像拍电影一样展现一个个镜头。画面让人一看就能直观地突出意思，突出重点无疑是非常重要的。作为创作的基本要求，动画剧本需要带给观众第一的直观感受，让他们能够感受到剧本所要传达的信息，给予他们生活与审美上的启示。

另外，动画剧本是视听相结合的。动画剧本创作中，有着很多与常规影视创作相通和相同的语言、技法与规律。一般影视剧本的描述性语言，是以镜头思维的方式描述形象动作、情节和场景等具体要素的，简而言之，也就是在剧本创作过程中使故事逐渐趋于可视化，最终成为故事板创作的文字蓝图。

（二）动画剧本创作的格式规范

动画剧本创作的最基本的要求，就是将具有创意的“故事、人物、情节、画面”等用文字、语言表述出来，因此称其为“漫画语言”，使阅读者通过文字描述，立刻能联想到幅幅图画，产生一种视觉画面的感应和感觉，将他们带到动画的世界里，并从中分享到文字描述的“本意”和文字所传达出的“意境”感觉。想要写好一个剧本，就必须懂得剧本的基本知识和理论，弄明白电影的规律，所以首先要构思好故事的走向，人物关系、情节高潮、主题思想等。主题就像一个导航仪，它会引导创作故事和贯穿故事中的枝节，最重要的是它能避免写作中偏离主题。因此，在下笔的时候必须清楚明确自己想要讲述的是个怎么样的故事。在创作过程中，还有一点是不能忽视的，那就是态度，不同的态度会产生不同的效果。剧本里不宜有太多的对话（除非是剧情的需要），否则整个故事会变得不连贯，缺乏动作，观众看起来就似听读剧本一样，让人觉得好闷。有些作者为了让故事情节更丰富，不断地在剧本中写很多的枝节，在这些枝节中有很多角色，穿插了很多场合，他们以为这样会让故事情节变得很紧凑，让整个剧本变得很有艺术感，但这样做往往会适得其反，不但会把故事内容变得复杂化，可能观众也会看得不明白，不知道作者想表达些什么主题。

一部动画是要把若干个画面内容按照一定的规律组接在一起，通顺地说一个问题。主题只能有一个。为此在安排分镜头稿本的画面内容时还要做到：每个画面内容都要为表现同一主题服务，分镜头稿本的画面内容要做到整体上的和谐统一。例如，一个剧本开篇时曾出现这样一组画面内容：蓝蓝的天空、绿绿的草地、高大的杨树、树下玩耍嬉戏的孩子、街道上的人群、鱼缸里的小鱼儿、温室里的鲜花、动物园里各种动物。这组画面内容可谓丰富至极，天上、地下、人物、动物无所不包，但组接在一起却形如一盘散沙，甚至可以说是形散神更散，这样的画面内容很难为表现主题服务，这样零散的画面内容即使配上再完美的解说词也会给人生搬硬套的感觉。在编写分镜头稿本之初就应该明确每个镜头在稿本中的地位和作用，明确每个镜头与上、下镜头之间的联系，这样才能在拍摄时避免盲目性，做到心中有数。

画面美术效果也是描述的重点。动画片的画面是一种静态的美术视觉感官体验，包括统一的角色造型风格，场景设计风格及二者结合起来构成的整体风格。画面风格是动画片呈现给观众的最初也是最直接的体验。动画编剧在创作之初对于整部动画片的画面美术风格肯定有自己独特的想象与诠释，将存在于自己脑海中抽象的画面环境细节用文字技巧性地表达给导演及设计师，也是剧本创作的一大重要使命。

（三）编写剧本需要的资料

确定故事的构思和所要表达的主题，确定故事的时间、地点、人物和大致的情节，根据故事发生的时间、人物、地点收集相关资料。如根据名著或小说改编的故事，要收集时代背景、人物背景的资料；故事如果发生在中国古代，需要收集古代人物服饰资料、政治背景资料故事，如发生在古埃及，那么需要收集当地的人文风貌和自然地理环境资料。

这些资料有利于对故事进行更加真实、细致的深入描述，使故事更加丰满。需要的资料主要有以下五个方面。

（1）故事发生的时代背景。（2）故事发生的时间。（3）故事发生的地点。（4）故事发生的相关事件。（5）故事中的主要角色，重要（次要）角色，对立角色。

动画剧本写出来是要被画成分镜头的，考虑动画的表现形式，不能出现和少出现的一些语言和表达方式，所有的内容都是要考虑是否能用绘画的方式表达出来的，剧本涉及的都是外部情景，是具体细节。因此，剧本的写作应当符合导演与分镜师的阅读要求，因为动画剧本主要针对的对象是动画片的导演和分镜师，其具体要求体现在以下几点。

剧本要包括几个方面：明确的环境描述；人物的名字与着装描述；人物的动作和过程人物的对白；场景的切换；镜头与场景关系等。人物出场要写清楚，位置环境、形状大小都要正确明白；对白要准确地透露角色个性；动作也要明白地写出来，才能提供文字画面给剧本画家；绝对要能使动画家有发挥之处；历史剧要有考据；服装、道具、建筑、自然物都要将形状写出来。一个成熟的动画剧本必须有具体的时间、空间的界定，拍摄的镜像还必须以日景、夜景、内景、外景细加划分。每个新的场景都要有小标题（场景标题）——地点、时间（简明扼要）。描述最好不要用对话，传达的应当是一群影像。把情节表现出来，不是说出来。相反地，要表达人物内心情感、人物与环境关系。

应当在剧本写作时考虑到导演、分镜师创作情景的需要，所以有明确的写作规范，需要标注大量的必要的专业分镜头术语。需要对正文内容加以区分，用特殊的标点符号将动画片中的动作与对白严格区分开来。如场景说明、时间、地点要黑体，居左；场景中出现的音效要黑体标出；第一次出现的人物名要黑体，居中；人物的对话要居中，两边留空，不同人物的对话要另起一行；标明镜头与景别关系；标明场景的切换，“切至”就是硬切，“化至”就是加转场的效果，全部居右；如有特效运用，也要用黑体标出等。如对白加粗和场次标注涂红等，这样做可以使导演、分镜师方便阅读剧本，加快艺术生产与创作的步伐。画脚本一般以镜头为单位进行谱写，既有利于创作者更好地把握整个剧本的叙事节奏和剧情发展，也使得下一阶段导演工作能够顺利展开，尤其有利于分镜头画面设计稿创作阶段能更明晰地贯彻编剧的初衷。出于个人的创作习惯，也可以给镜头标上序号。这就像建筑设计师在创作过程中记录标尺刻度一样，让自己对作品有一个由小及大的具象了解。

（四）剧本的一般结构

动画剧本的结构主要是什么？它讲述的是什么？这通常是动画剧本创

作中最重要的问题。寻找主题就是寻找动作和角色，就是要明确到底发生了什么事。

1. 主题

主题就是动作和角色。动画剧本是以动作和声音说明为主的应用文体形式，它通常指的是某一个人在某一个时间和地点去干他的事情。

某时间某主要角色在某地点做了或遇到某事情。这个人就是主人公，而他干的事情就是动作。当谈论电影剧本的主题时，实际谈的也是剧本中的动作和人物。动作就是发生了什么事情，而人物，就是遇到这件事情的人。作者必须讲清楚影片中的人物是谁，以及他（她）遇到了什么事情。在特定环境中，特定人物在具体事件中的基本动作过程，就是动画剧本主题创作的基本内容，即表层主题。另外，每个动画剧本都需要把动作和人物加以戏剧化，在这个过程中首要的是作者对事件的态度，不同的态度会产生不同的思考角度和内涵。在动画剧本的创作中，通常包括同一主题的两个方面：表层主题和深层主题。这两个方面同时存在于同一动画之中。

2. 剧本故事结构

剧本的故事组成结构为建立基本的三段式剧本框架。故事结构包括开端、发展及结局，分别安排在三幕或三场结构中。

故事的开端介绍故事讲的是谁？故事讲的是什么？主要角色的身份和处境、性格、环境、特殊意义的物件等。设想如果有人中途走进电影院看电影，他一定会不断地问在场的人："这是谁""在哪里""他要干什么"等。这些问题正是故事开端交代过的。一般故事开端会交代两部分问题，一部分是交代"时间、地点、人物"。另一部分是交代角色动机，为第二部分的冲突发展制造动力，回答"他在想什么""他要干什么""为什么"等问题。在剧情发展部分成第二幕中，角色在达到目的或解决问题的过程中会遇到很多困难和阻碍。剧情内容十分迂回曲折。在这个过程中，冲突是该阶段的中心内容，剧情的发展是围绕着正反两个方面对抗不断推进的，形成冲突—大化解—大冲突—大化解—更大冲突的强度递增冲突阶梯。故事通过冲突的设计推进剧情发展，深化故事主题，丰富角色性格。对抗是主要角色将会受到对立角色的阻力，也就是对抗，对抗的结果就形成冲突，观众之所以对故事感兴趣，就是对冲突感兴趣。结局是整个故事的高潮部分，是答案最终揭晓的华彩乐章，是观众最期待的一幕。在这个阶段往往会设计正反两种力量的最终大对决。随着角色动机目标近在咫尺，动机即将实现，反抗力量也随之增强，冲突会变得更加迅猛激烈。此时生与死、胜与败反复交替，故事剧情发展被推到高顶点。结局即故事如何结束的？主要角色的命运怎样？

（五）剧本的长度分配模式

动画剧本需要考虑剧本的长度，要根据长度来确定剧本结构。一般写作的剧本第二场的长度应该是第一场长度的 2 倍。剧本中的一页换算成时间，应该是与屏幕的分钟相等。例如，在一个 120 分钟的剧本中，前 10 分钟要把主角目前的生活状态介绍出来，20 分钟突发事件，接着故事发生转变，出现争论，主角生活发生很大的改变，这时会出现主角的同伙来帮他，40 ~ 60 分钟进入精彩部分。作为每场的标记，一般 10 分钟的剧本大致可以分为 8 ~ 9 场的内容，这种明确的场次区分是非常有必要的，可以使动画片的时空得以界定。由于幅的长短不同，对故事主题、人物、动作这三个主要部分的利用不同。制作短篇最主要的就是主题，继而围绕主题设定人物及场景道具，8 页的短篇里一般只能容纳一个点状情节，并围绕一个中心展开，甚至可以没有其他情节。20 ~ 60 页的中篇可能出现比较复杂的情节，但是会有一个高潮（或比较点题的部分），这是全篇的重心，故事主题就表现在这里。一般把这种高潮做成抖包袱的形式会比较吸引人，当然也可以平铺直叙自自然然地达到效果。在短篇和中篇的剧本中，人物和事件是处于从属地位的。如果在创作脚本时把情节当作重点，为了讲一个故事、塑造一个人物、描述一个世界，那么，就需要一个长篇来容纳。长篇故事的创作主题仍旧很重要，但同时，可以在主要情节中任选一个作为重点。这是因为，60 ~ 200 页的作品可以表现出细腻丰富的情节，造一个甚至多个完整的人物形象，描述一个完整的世界，而其中所包括的主题将可能不止一个。于是长篇脚本的创作就应该首先完成故事的大纲，从而有依据地设定人物和环境，并由这些考虑得很周详的人物来完成情节。

（六）完成剧本的三部曲

第一步便是确定故事的构思和所要表达的主题。在这一阶段需要确定故事的时间、地点、人物和大致的情节，并且确定故事的主题思想。动画编剧在写剧本时的头一件事，就是确立主题，主题是否深刻，是否独特，是动画剧本是否优秀的主要标志。

第二步是根据故事发生的时间、人物、地点收集相关资料。这些资料有利于创作者对故事进行更加真实、细致的深入描述，使故事更加丰满。

第三步则是要完整和丰富剧情。在大致的故事情节、所要表达的主题和相关素材资料都收集好后，便要使剧情的发展更精彩、更完善。这其中包括具体场景的安排，人物的对白和动作，还有画外音的设置，以及场景如何切换。这些情节需要创作者反复斟酌，相互讨论，才能使情节更流畅、精彩。最后，根据格式要求，写出动画剧本。

二、故事时间、节奏的把握

通过观众的联想，主动构造出另一个完整的空间环境形象，一个贯穿影片始终、引起人们动情的抽象思维空间，将观众的神经兴奋点集中在特定的历史阶段，能够激发情绪的精神境界之中。在动画中可以表现为实际的时间，所以动画造型在时间上是发展的、移动的，它是通过空间和时间表现形象的艺术，所以在动画场景设计时一定要考虑到时间的因素。

（一）故事时间与节奏的整体认知

1. 故事时间的认知

剧本体现作者“讲故事”时候的状态，好比一个人很随和地讲话还是居高临下地讲话其状态是不同的，而节奏就是情结，针对“一场戏”的表达，讲故事的人是要以“语速”“语调”等“情结表达”来构造一场戏的整体“气质”，或者说一场戏的整体气质是设计者“情结的表达”，看剧本就像去欣赏说书艺人的绝活。作者讲故事同时还要有个合适的语境。语境就是讲故事的一个整体外壳，能把观众自然带进去，又能提醒观众出来的一个叙事的环境。还要注意的是讲故事的情感需以不同的“语速”传达给聆听者。

受播出方式和收看方式的影响，动画片在时间上的特性更为复杂一些，除了具有与影视动画相同的蒙太奇叙述时间的各种特质外，动画片播出或收看时间上的直接性、连续性对电视叙事影响至深，这使动画片具有不同的审美品格。所以动画的时间状态要考虑播映时间、叙述时间和心理时间之间的关系。

（1）播映时间

单部动画片播映的总体时间长度。尽管动画在艺术表现上可以表现无限的时空，但是，它必定受到播出时间和屏幕画框空间的限制，必须是在一个特定的长度中，叙述故事，传达信息，因此，放映时间是有限的时间。播映时间的限制对编辑导演安排动画片结构情节提出了要求，一部 50 分钟的动画显然不会像两集 25 分钟的动画连续剧那样去结构，前者是一个不能中断的视听流程，情节必须紧；而后者则需要必要的中断，这种中断可能只是某个次要情节得到解决，但是新的悬念仍在延续，叙事仍保持着一种没有终止的流动状态，这样才能吸引观众观看下一集。

（2）叙述时间

叙述时间是动画银屏上表现事物的时间，叙述时间是创造出来的艺术化的时间形态，也是蒙太奇时间。在现实中，事物发生、发展的时间流程永远是线性、连续向前的，而这样的时间状态不可能被完全、也没有必要照搬到动画屏幕上，屏幕叙述时间不是真实的自然时间，它只是模拟人的视听感知经验，将片段的时间重新结构成一个视觉或想象中连续的时间，它既可以表现无限的时间长河，又使关于时间的表现具有造型意义。例如，延缓的时间能够渲染烘托人物情绪，跳跃的时间便于展示角色的想象。这也是动画时空的魅力所在。动画屏幕叙述时间可以根据不同的需要，利用剪辑技巧，呈现出压缩、延长、停滞和实时等多重复杂形态，动画叙事的时间结构可以分别以现在、过去或未来为依托，这在实际拍摄中并没有很大的不同，但是，在动画纪实创作中，“当场目击”的现在时态使素材更具有吸引观众的魅力。

（3）心理时间

心理时间指播映时间和叙述时间综合作用在观众心理造成的独特的时间感，这是主观的时间形态。例如，当等待一个迟到的人，会感到时间过得特别慢，每一分每一秒都会在意识中占据重要位置；而当热烈讨论问题时，时间又飞速而过。同样，由于受到观众对题材兴趣、关注程度、时间及风格等多重因素影响，所以观众的心理时间与具体的叙述时间并不一致，如果对事物感兴趣，那么较长的镜头可能会使观众感到较短，如果对所表现的内容缺乏兴趣，较短的画面反而显得拖沓，令观看者感到厌烦。这时就要利用连续性和蒙太奇来延长观众的心理时间。在动画的叙事中，采用什么样的时间顺序来叙述故事，就决定了会有什么样的时空结构。动画的时间状态是物质的运动、变化的持续性、顺序性的表现。动画镜头的基本叙事方法有：顺叙，按事情发生的时间顺序来讲故事；插叙，在故事中间插述；倒叙，先有个悬念，再进行叙述。画面与画面的联结、转换也要趣味不断。对画面进行不同形式的组合，会产生不同的效果。两个画面谁先谁后往往会产生不同的意思。如一个画面①是个人很失望的表情，另一个画面②是人物在走动，①在前②在后，会让人理解为他很失望所以走了，如果②在前①在后，会让人理解为他走过来后看了很失望，这在故事中的意思将大相径庭。由于动画的蒙太奇时间是可以任意选择，在故事或事件的叙述中，时间结构不必总是处于现在时的状态中，它可以回到过去，也可以跳跃到未来。一般情况下，习惯于将动画屏幕时态分为现在时、过去时、将来时。在叙述过程中，这几种时态可能会被交叉使用。在动画创作中，固然有大量的现在时态的跟踪记录，也有许多由现在追溯过去的情况。特别是在一些动画片中，由现在起讲述过去发生的事情，或者通过角色追问和故地重游来展现事件来龙去脉，或者通过解说词、资料等为现实事态提供一些背景材料，这些都是常用而必要的手法。过去时态还可以通过非结构性的技巧手段来表现，如通过字幕或画外音说明，观众也会从闪回、上下文关系、场景转换和对话等方面来推断。无论用什么方式来表现时间，它必须是明白易懂的，不能为了制造悬念而采用太多回溯方式，最终使观众难以理顺关系，不知所云。未来时态在动画屏幕上表现为想象、预言，同样需要有明确的时间因素。

另外，从形式上看，每组镜头之间及每个段落之间的和谐统一都可以遵循人们耳熟能详的一个故事：从前有座山，山里有个庙，庙里有个和尚，和尚手里有个碗，碗里有个勺，勺里有个豆。很明显，它们之间的联系就是远景—全景—中景—近景—特写，为了丰富内容也可以用一组远景表现山的壮美，用一组镜头表现碗的精美。当然这不是唯一规律，为了增加吸引力可以先抛出从前有个豆，然后说明豆是放在勺里的，勺是在碗里的……总之，和谐统一是画面的内在规律，当稿本中的画面内容转折较大时，也要安排一些承上启下作用的画面内容，不要总是试图让解说词或是特技来发挥承上启下的作用。

时空交错式结构是动画剧作处理时间与空间的基本结构方法之一（与依照事件进程的自然次序组织情节的时空，推进剧情的时空顺序式结构相对应），它是指打破现实时空的自然顺序，将不同时空的场面按照一定艺术构思的逻辑交叉衔接组合，以此组织情节，推动剧情的发展。它在时空程序上表现为大幅度的跳跃和颠倒，将现在、过去以至未来，回忆、联想、梦境、幻觉等和现实组接在一起，造成独特的叙述格式，获得艺术效果。这种结构方式，能用倒叙、插叙扩大时空概念，表现多层次时空；可以表现人的正常思想心理活动，也可用来表现人的下意识活动。

2. 动画节奏的认知

动画的节奏形式是很复杂的，因为动画是综合性很强的艺术，在动画画面中影像的形态多种多样。节奏在艺术作品中以特定的形式存在，在动画中，节奏主要体现在叙事结构、分镜头等方面。节奏也是一个美学范畴，是各门艺术的一个构成元素，从而成为常用的艺术学术语。它也成为动画艺术的重要艺术元素之一。动画艺术离不开节奏，动画的节奏主要体现在叙事结构、分镜头、动作、音乐等方面。然而对叙事结构节奏和分镜头节奏的把握是动画片前期工作的重点，直接关系未来动画的成败。根据剧情内容的发展，在组镜头中，要知道如何选择运用全景、中、近景和特写等不同视距，而且要能够用得十分贴合实际，做到合理搭配，使观众感到非常自然，是进行画面分镜头节奏设计中不可忽视的一个方面。当观众在看到一个镜头的时候，首先感知的就是分镜头画面的景别形式。观看远处的人和物的时间要比观看近处的人和物的时间长些。一个远景镜头上的行动需要的时间可能长些，一个近景由于易被人领会它的内容，因此，近景比远景的长度可以短一些。由此可见，景别会直接影响画面延续的长度，如果在视觉上把特写当成是突出动画片感受重点的振动，那么全景和远景就不仅仅只是被认为在描写环境和气氛，还应该把它们看作是视觉节奏感受中的停顿，分镜头也是一种节奏形态。节奏的停顿、连续影响着故事的发展。

（二）由角色来塑造主题

影视作品中的人物塑造成功与否，常常决定了一部影视作品的成败。这一点在动画片中尤为突出。与其他种类的影片相比较，动画片情节与矛盾的相对简单使动画人物成为整个影片的视觉中心与重点，成为整个动画故事与情节发展的主导者。因此，动画片剧本中塑造人物对影片的影响更加关键，动画形象树立起来了，被观众认可了，创作者就取得了最大的成功。对观众来说，看完一部动画片，往往留在脑海中的是那些充满生命力、个性鲜明的动画形象。它足以吸引观众的眼球，而吸引观众内心的，正是由它而演绎出的主题思想。而那些动画人物甚至直接成了动画片的名字，像“樱桃小丸子”“米老鼠和唐老鸭”“猫和老鼠”“名侦探柯南”“花木兰”“龙猫”等。创作者使这个特定人物的命运线索和故事的起承转合融为一体，其实从这些动画片的名字当中就已经发现创作者力图把动画人物推到最前沿的这种意图。如有短片把选题确定为介绍学校，编写这样的分镜头稿本时更要注意画面形象一定要生动、鲜明，不能让毫无意义的校门、建筑物、花草树木等静态事物充斥画面，类似的静物画面即使配上再动听的音乐也难以长时间地吸引观众的注意力。因为画面内容多数是静态事物，在后期编辑时试图用添加特技的方法增强画面的表现力，结果更是适得其反，观众把注意力主要放在“多姿多彩”的特技上，对于动画片的内容却不知所云，而且凌乱的特技会造成整部动画片的结构支离破碎，严重影响片子的质量。在安排此类题材的画面内容时，仍然要把重点放在人身上，为了突出生动、鲜明的特点，动感还要强，安排画面时尽量选择活动的人、事、物，或者是利用各种拍摄手法增加其动感。人物形象塑造是动画剧作整个创作工作的核心，如何塑造出性格鲜明、生动的动画人物形象，是剧本的第一任务，通过教学实践，对人物的创作进行一定的探索，形成特有的创作规律。

（三）人物形象设计要富有想象力

对观众而言，动画人物最与众不同的地方就是他们身上的想象力元素。大多数的商业动画片也是在这方面下了功夫，故事中的主要角色，无论他们的外表、个性如何，内心世界都有很多相似点：人性中最为耀眼的光芒会在关键时刻闪现，勇敢善良、为爱献身、富有责任感等。首先，吸引观众的是影片的整体创意要有想象力，足以营造一个新鲜的幻想世界。其次，赋予人物动画特征，也是某种超现实的力量，这种充满想象力在人物身上的体现，正是动画剧作中人物塑造的特性。

动画片中的人物形象设计不是美术设计人员凭空想象的产物，而是根据剧作者所提供的文字形象进行进一步创作的结果。因此，在动画片剧本创作阶段，就要发挥艺术想象力创作出新颖独特的艺术形象，使动画片的人物从文字脚本开始就具有吸引观众注意力的潜质。宫崎骏的作品《百变狸猫》中的狸猫被赋予一种任意变形的能力，从而使狸猫带有一种神秘感，也为造型设计师的进一步创作埋下了伏笔。

动画片剧本创作的开始就是塑造动画人物的开始。虽然塑造动画人物的工作没有一个固定的程式，但共性是存在的。研究动画人物创作的基本规律，了解相应的基本创作知识与技巧，对于塑造动画人物有着积极的意义。

（四）赋予动画人物简单明了的性格特征

动画片中的人物形象，在性格特征的塑造上多采用简单化处理的方式，使动画人物性格具有比较明显的特征。这种简单化处理是动画片自身的艺术特点所决定的，动画片人物性格设计中的“两字法”是通行于动画剧本创作中的常用手段，如“善良”的白雪公主、“邪恶”的刀疤、“勇敢”的孙悟空、“愚笨”的猪八戒都是用两个字对人物性格进行归类，这种简化处理对观众特别是为数众多的少儿观众来说更为重要，它能使观众在较短时间内了解和把握动画人物的性格特征。复杂多变的人物难以把握，没有哪个观众会对一个自己搞不明白的角色感兴趣，动画人物简单明了的性格特征，也可以通过动画人物的名字来体现，如美国动画片《白雪公主》中的七个小矮人，分别被称为万事通、害羞鬼、爱生气、糊涂蛋、开心果、喷嚏精、瞌睡虫，这些生动精彩的名字让人一望而知动画人物的性格特征。

那些生动的动画人物对观众而言，不仅是一个形象，而且高度概括了人性，以简洁的笔触勾勒出人生百态。通过浓缩、精炼、夸张，这些动画人物身上既有了人性，但又比真人更戏剧化，更富于幻想，显得亲切又个性鲜明。有些角色身上独有的特色，自然会与其他作品中的人物区分开。例如，《蜡笔小新》在人物性格塑造方面比较鲜明独特。

在这部动画片中，无论是男孩小新，还是爸爸妈妈，甚至幼儿园老师，都被赋予了一种全然不同的个性特征，和通常的人物形象形成了鲜明的反差。但同时，这样的设计也合情合理，里面提到了新时代小孩、家庭的特点，以诙谐的方式剖析出人性中的种种弱点，让观众会心地笑。在剧本中塑造动画人物，要求人物形象鲜明生动，人物性格具有典型性，这样在剧情里才更容易凸显出来，留在观众的记忆中。

但简单的类型化处理会导致动画片人物的机械与呆板，从而使人物失去感染力和生命力。为类型化的人物加入时代特征是丰富动画人物形象的有效手段。

（五）为动画人物设计个性化的行为模式

成功的动画人物不仅体现在造型上，更重要的是对动画人物思想和行为模式的设计。动画人物富有个性的动作、表情更吸引观众并得到观众的喜欢。本来简单的叙事由于主人公的鲜明性格，故事进展目标实现，一切才有了生气，观众开始关注主人公的喜怒哀乐。为动画人物设计个性化的行为模式，是让动画人物具有鲜明的个性特征最快捷的方式。个性化的模式在动画片人物塑造中，被称为动画人物的“外在符号”，是剧作者根据故事的特点给动画人物设计的习惯性动作。这些习惯性动作能给人以深刻的印象，使动画人物在观众心中活起来、动起来。如在日本动画片《聪明的一休》中，一休每次思考问题时的典型动作是盘腿而坐、伸出两手的食指在头顶上画图。这个动作成为“一休的外在符号”，让观众能在较短的时间内确认一休。《猫和老鼠》《大力水手》中的角色在不同的故事中重复着相同的动作，笑料百出，人们无不为角色执着而简单的行动打动。个性化的行为举止在日常生活中十分普遍，如官僚讲话喜欢哼哼哈哈，傲慢的人喜欢高抬下巴，用蔑视的目光看人，而眨眼睛、接鼻子、晃肩膀等小动作都是表现动画片人物个性常用的小技巧。

为人物设计标志性、习惯性语言也是让动画人物具有鲜明个性特征的简捷、有效的方法，这个方法与为动画人物设计个性化的行为模式是同一个道理。《花木兰》中喜欢唠唠叨叨的木须龙则从一个特殊的侧面衬托了木兰可爱与勇敢的形象；在《樱桃小丸子》中，作者给小丸子同学猪太郎全家人设计了带有“哼”声的说话、《怪物史莱克》中那只不断唠叨的驴子都给人强烈的印象。

（六）对话要有节制

好的动画应由行为和动作组成，影像所展示出来的独特的巨大魅力才是动画片的长项，应该让观众把更多的注意力放到这上面才对。儿童观众和带着放松心情的成年观众，都会更愿意看到剧情，而不是“听到”。用视觉元素展现出来的内容直观，能牢牢抓住观众的视线，把他们带入剧中的情景，即使是好动的小观众也不会觉得枯燥。迪士尼的动画创作，始终坚持少用对话。保持语言清晰以便于不同年龄的观众理解，需要传达的信息要明确地透过对话表达出来，过多的潜台词并不适用于大多数动画片，太过冗长的对话也会令观众感到枯燥。每个角色都应该有独特的语言，与其性格、身份相符的语言，每个角色说话时的节奏都不尽相同，不同的角色应当使用不同的措辞和有特色的表达方法，并带有一定的动作，生活化、口语化的短语会成为一个角色的标志。对话还要符合人物关系和规定情境。

角色的对白和行动是动画片情节发展的原动力，是剧情张力的爆发点；相对地，剧情发展与人物性格也是角色言行之所以这样的内因。对角色言行的控制考验是动画编剧对人物性格和剧情发展的理解与把握能力。动画脚本中角色言行的描述要求具体详尽，具体到说话时的神态，角色习惯性应有的一些小动作都应尽量考虑周到。

剧本除了要求想象力丰富、情节完整、主题明确外，还要对剧本进行可行性研究，才能最终确定哪些剧本可以进行后续制作。可行性研究的要求：①主题价值定位。主题是否能够得到受众的认知，是否积极健康地反映了生活；②后续制作的可行性。剧本的工作量是否适度，在有限的时间和人力、物力条件下能否顺利完成。在当前的技术条件下能否实现，包括创作技术和辅助技术；③故事情节是否能够吸引受众，是否有完整的发展情节及适应视觉化的表述方式。符合要求的剧本才可以进入到后续制作中。

对学习动画创作的人来说，进行短片创作是一个很重要的过程。动画短片因为篇幅短，也就是工作量相对可以由个人承受。同时，动画短片形式上有很大的自由度，不像商业片对表现方式有基本的规范，动画短片给了创作者更广的发挥空间。从实际操作上来看，动画短片可以由一名创作者从头到尾单独完成，这为创作者提供了一个完整地表达自我的机会，同时，也可以让动画创作的初学者对动画的整个制作过程有一个了解。若制作商业动画片，这些有关的动画经验也能用得上。

剧本编写中容易出现问题的学生由于有剧本可行性研究的压力，往往将情节简单化，内容幼稚化。学生的剧本中出现了许多以小动物为题材的语言故事，如《小花猫的故事》，讲述大花猫在教育小花猫时的不当言行，对小花猫造成恶劣影响。还有《爱吹牛的老虎》等。一些学生认为这类题材的故事都比较有教育意义，情节简单，比较好制作。但这些题材并不贴近大学生的生活，不能表现出创作者的真实感受，并且情节单一，内容不够丰富，缺乏想象力。部分剧本不太好用视听语言来表达。有的剧本太多对话，场景单一，不适合动画的表现形式，想象力不够丰富，主题也不够积极。还有些剧本过于表现心理感受，情节也不够丰富，不太适合后续制作。

第三节　动画设计的角色设定

根据动画脚本提供的信息以及对作品的理解，建立角色的文字档案，明确故事所处的环境、时代背景，角色的年龄、职业等。

一、度设定

进行角色各个角度的造型设计，角色在各种不同的镜头中，会处在不同的角度，角度的设定是保证动画角色造型的标准和统一，使角色在不同的角度和镜头中保持形象的统一。

二、表情设定

对角色的喜怒哀乐等各种表情进行设定，目的是使各个镜头中的角色表情统一规范。

三、手脚的设定

对角色的手和脚的造型和经常出现的手脚动作进行设定。

四、动作设定

对角色的常用动作进行设定。

五、关系比例的设定

设定角色的比例关系和角色与角色之间的比例关系，以保证角色在影片中的比例关系相一致。

制作角色比例关系图、设定角色自身的比例关系，如头与身体的比例、手与脚的比例、上身与下身的比例关系等。

角色与角色之间的比例关系图、角色与角色相互之间的比例关系的设定，是为了规范角色比例，以避免出现在不同的镜头中角色之间比例的矛盾和混乱。通常要设定一张“全家福”，即把动画片中所有的角色都画在一张画面上，并用数条横线拉出相互的比例关系，使比例关系一目了然。

六、色彩设定

角色的肤色服装、道具的色彩在所有的镜头中必须统一，在这里要设定一个标准色，供动画和原画设计者使用。在不同的场合、角色有不同的服饰，这些色彩也都要有一个标准。

七、服饰与随身道具的设定

角色的服饰与角色的性格与形象塑造有着紧密的关系，要设计出各种场合出现的服饰。

角色身上一般都有一些随身物品，如武器、交通工具、包袋等，称为随身道具，要对它们的大小比例、样式、色彩、材料等进行设定。

第四节　动画设计的场景设定

一、动画场景概述

（一）动画场景

动画场景是指动画角色活动与表演的场合与环境，这个场合与环境既有单个镜头空间与景物的设计，也包含多个相连镜头所形成的时间要素。动画片的主体是动画角色，场景是围绕在角色周围、与角色有关的所有景物，即角色所处的生活场所、社会环境、自然环境、历史环境，甚至包括作为社会背景出现的群众角色，这些都属于场景设计的范围，都是场景设计要完成的任务。动画角色是演绎故事情节的主体，动画场景则要紧紧围绕角色的表演进行设计，动画场景通常是为动画角色的表演提供服务的。场景能够表现角色所处的场所、陈设道具，能够交代角色所处的社会环境、历史环境和自然环境，甚至还包括群众角色。在一些特殊情况下，场景也能成为演绎故事情节的“角色”。动画场景是展开动画剧情单元场次的时空环境，也是人物角色思想感情的陪衬，是烘托主题特色的重要环境。

不同于“背景”概念，“场景”不单单指角色活动后面的空间，更侧重于表达时间中的空间概念，在特定的场景中表述了不同的故事片段。“背景”是指主体活动后面的空间，而“场景”指的是时间中的空间。背景是衬托画面的景物，而场景是指动画片中的场面。“背”是背后的意思，“景”是景物的意思。而场景的“场”指动画片中的一个片段，是时间概念。场景是角色表演及影视语言表达的空间载体和主要依托。

（二）动画场景设计的内容

动画场景设计是除角色造型以外的，随着时间改变而改变的一切物体的造型设计，包含了整个动画片场景的所有构成要素的具体造型、色彩及色调配合设定。动画场景设计不仅仅是绘景，也不同于环境艺术设计。场景设计既要有高度的创造性，又要有很强的艺术性。它是一门为动画服务，为展现故事情节、完成戏剧冲突、刻画人物性格服务的时空造型艺术，这就需要同时运用造型手段和绘画制作手段对影片进行场景空间造型设计。角色所处的生活场所、社会环境、自然环境和历史环境等，都是场景设计的范围，都是场景设计要完成的设计任务，它一方面要求艺术创作，另一方面要求通过绘画手段进行绘制。动画场景设计与制作是艺术创作与表演技法的有机结合，在构思场景画面总体空间造型的基础上，首先确立总体场景形象布局结构，再依据故事情节的发展将场景分类组合为若干不同的镜头场景，场景设计师要在符合动画片总体风格的前提下针对每一个镜头的特定内容进行设计与制作。还要分别从场景的布局结构与规模、色彩基调与气氛效果及风格样式等方面做出造型处理和细节设计。

在传统手绘动画艺术中，角色的表演场合与环境通常是手绘在平面的画纸上，拍摄镜头时将画好的画稿衬在绘有角色原画、动画的画稿上面进行拍摄合成，所以人们习惯性地将之称为“背景”。随着现代动画技术的发展，通过计算机制作的动画角色的表演场合与环境无论在空间效果、制作技术、设计意识和创作理念上，都更加趋向于从二维的平面走向三维的空间，更加关注对时间与空间的设计与塑造。动画场景设计不仅需要技术水平和手段，更需要有极高的设计素养、创新能力和场景气氛的掌控力，只有对场景的空间总体风格设计、空间形体造型设计、空间体量设计、空间色彩光照设计等几方面综合把握，才能有效地对场景空间总体场氛进行把握。

（三）动画场景设计的要求

动画场景设计通常要符合剧本、剧情的需要和作品的整体风格，为角色的表演和情节发展创造一个特定的背景空间，是依据剧本和导演分镜头剧本中所涉及的内容和剧情的需求来设置的，所以是分镜头剧本之后的工序，依据剧本，人物、特定的时间线索，关注对时间与空间的设计与塑造，展现故事情节，完成戏剧冲突，刻画角色性格，是动画场景的设计要符合的要求。还要展现故事发生的历史背景、文化风貌、地理环境和时代特征；要明确地表达故事发生的时间、地点，给动画角色的表演提供合适的场合。虽然动画片的场景设计需要具有合理性，但是绝不能被动地服从造型主体，而要利用场景设计的环境、线索积极创作动画情景交融的影像景观，从而达到以情设景、以情助形、以情感人的艺术效果。由于人们审美情趣的多元化发展，对动画的艺术性与风格特点提出了新的要求，促使动画场景设计强化情感注入，强调主观意志，强调场景的象征意义，强调形态和色彩给人的丰富情感感觉。造型在画面中占有的空间布局，形成画面分割形式所产生的时空效果，是画面中形、线、色彩等诸多要素如何安排、如何随时间展示的问题，不同画面的构建设计要产生不同的丰满的情感反应。所以在进行设计场景时，必须按照一定的思维方法来把握动画影片的整体造型形式，遵循视觉艺术审美要求。

（四）场景的步骤

1. 前景

在画面中，位于主体之前，或是靠近镜头位置的景物，统称为前景，又称前展。前景在大多数情况下是环境的组成部分。前景主要用于需要单独移动的背景，或遮挡角色动作且不与角色动作发生前后冲突的背景，或遮挡角色动作且背景边缘较为复杂的背景。前景可以表现时间概念、季节特征和地方色彩，有助于表现拍摄现场的气氛。例如，用花朵、柳絮、积叶、冰柱等做画面的前层，可以给观众以鲜明的季节印象。前景有助于强化画面的纵深感和空间感。虽然画面是一个三维平面，但是，由于人眼观察景物具有近大远小的透视特性，因此在构图过程中有意识地选择一些前层，能够在画面中模拟和表现出三维立体空间的透视感和距离感，给观众以生活的真实感。前景可以用以均衡构图和美化画面，如表现街市外景时，可以用路边的围栏、广告牌、路灯等做前层，以保证画面具有均衡的视觉效果。前景还可以用来与主体形成某种蕴含特定意味的对应关系，以加强画面效果。在运动镜头中，前层能增强节奏感和韵律感。例如，当用移动镜头表现城市林立的建筑时，选择那些路灯作为前层从画框中一一划过，能够给观众的视觉带来一种音符般的节律感。

前景在画面中的安排并无一定之规，根据画面内容和设计者构图的需要，可以将前层安置在画面框架的上下边缘或左右边缘，甚至可以布满画面，如雨幕、烟雾等。但是，前景的运用和处理应以烘托、陪衬主体及更好地表现主题思想为前提，而不能分割、破坏画面，影响了主体的表现。

2. 中景

中景在画面中间层次的主要位置，它一般是要表现人，有时也可以是景物，可以是某个对象，也可能是一组对象。

3. 后景

后景与前景相对应，是指那些位于主体之后的景物。一般来说，在动画画面中的后景多为环境的组成部分，或是构成生活氛围的实物对象。后景在画面中也有着不容忽视的地位和作用。从内容上说，后景可以表明主体所处的环境、位置及现场氛围，并帮助主体揭示画面的内容和主题。从结构形式上说，它可以使画面产生多层景物的造型效果和透视感，增强画面的空间纵深感。

当选择和处理后景时，应注意主体后景的清晰度和趣味性不应超过画面主体，后景应利用各种技术手段和艺术手段简化背景，力求后景的线形简洁、明快，以尽可能简洁的背景衬托主体否则，画面就会景物繁复、层次混乱，破坏了主体的表现和主要内容的传达，观众难以一目了然地辨清主体形象。

4. 背景

背景可以理解为在画面中距离观众最远的景或物，起到主体背后的“衬底”作用。背景是环境的重要组成部分，它可以是山峦、大地、天空、建筑，也可以是一面墙壁、一块幕布或一扇窗户。背景能够表现人物和事件所处的时、空环境，造成一定的画面气氛、情调，并帮助主体阐释画面的内容。背景与后景一起构成了“图—底关系”的“底”。背景有时可以包括后景，但是后景与背景是有区别的。背景中的物体既要丰富细致，还要注意这一环境下所有背景的统一准确，否则就会出现同背景中的物体不合理变化的现象。

5. 空间

动画场景是一种随时空的转换进行空间布局的艺术，是画面造型、角色、空间等如何安排的问题。场景空间场所形成的关键因素是一定的空间围护体的确立。空间的限定分隔是指利用实体元素或人的心理因素制视线的观察方向或行动范围，从而产生空间感和心理上的场所感。空间的限定分隔可分为以下几种形式：以实体围合，完全隔断视线；以虚体分隔，既对空间场所起界定与围合的作用，同时又可保持较好的视域；利用人固有的心理因素，来界定一个不定位的空间场所。场景中的空间设计是指提供符合剧情要求，具有特定艺术意图和鲜明的形象特点的物质空间环境（包括光、声、电），空间是由形与形之间所包围的空气形成空间的“形”。如果与实体形态相比较，很难明确地界定这种“形”的形态。空间是相对于实体形态的虚形，尽管它是摸不到的，但作为一个形，它在视觉上是可以肯定的。在动画影片中三维空间都是表现在二维平面上的，所以场景的空间构成主要表现为场景给人的心理感受。形成自然环境或室内环境的不同深度和广度、明度和暗度、音响的强弱、角色的场面调度使场景上获得了宽、高、深的三度空间。映像的连续性所造成的时间系列，与三度空间组成动画片的第四度空间，正是这种在空间中的物象具有时间向度的运动，才使场景获得了区别于其他艺术形象的特征场景。画面的体量使背景环境成为一个有情感有内容的实体，能激发观众的情绪，在叙事铺垫下，内在情绪都在外在空间的体量中延伸。

6. 线条

动画风格的表现，主要是从造型、线条与色彩来实现。其中体现风格特征最关键的是线条的表现，长短、快慢、曲直、强弱等，都会形成节奏。根据线的形式不同可将线条分为直线、曲线、折线三类。直线的运用会让人产生简约硬朗的情感，曲线的运用会让人产生可爱柔软的感受，曲线与直线结合会让人产生很强的装饰效果，直线与折线结合会让人产生神经质的心理波动，曲线与折线的结合会让人觉得极具个性。而通过不同线条的对比综合运用就可以变化出不同风格的动画造型，就能孕育出独特情感负载的生动形象。

二、场景在动画片中的功能

场景不仅塑造物质空间，还暗示社会空间和蕴含心理空间，所以场景除了可以让动画角色在一定的环境中活跃起来，进行活动，还包括交代故事情节发生的地点、时间、气候、季节等细节。营造氛围，制造引人入胜的情景，使观众切身感受角色所处，体会角色所思。当场景在动画片中的基本功能得到满足后，场景的设计就变得十分自由。如何把握这些自由因素，更好地为动画片服务，更加适合动画的需要，是学习和创作的最大问题。

（一）塑造客观空间，交代时空关系

场景体现物质时空关系，物质时空是指人物生存和活动的空间，是由天然的或人造的景和物构成具象的可视环境形象。场景的物质时空关系是场景自身的固有属性。如场景展示的是美国西部还是中国的江南水乡，是古代还是现代——根据剧情内容需要，场景还体现时代特征，说明在某时某地所表现出来的人物的生活习惯、事物的基本特点等。场景决定一段叙事情节的完整，动画中的一个场景可以清晰、明确地完成一个相对独立和完整的叙事情节，也可以仅仅是表达叙事情节的一个小小的部分。所以动画的场景空间是由多种类型的场景以不同的顺序和方式组成的；同一空间内，可以设计一个场景，也可以设计多个场景，从而推动画情节的发展。所以设计师应很好地调动自己丰富的生活阅历，去仔细搜寻画面所能传达的时代背景与地域特色。

（二）营造情绪氛围

动画是一种文化，动画场景在动画片的画面中所占的篇幅、面积比重

重最大，给人的视觉冲击力强，是主体文化精神展示的重要层面。物质时空中一些局部造型因素构成情调氛围，影片中利用蒙太奇的手段，使观众根据场景间的切换，产生一些心理上的变化。场景是角色心理变化和内心情感世界的空间烘托，是角色内心感情及情绪的延伸及外化形式，有明显的抒情和表意功能，能影响观者的情感。观众的心理和影片中人物的心理是相互连接的，观众能体会到人物角色的喜怒哀乐。根据剧本的要求，往往需要场景营造出某种特定的气氛效果和情绪基调。场景设计要从剧情出发，设定人物角色的演出场合。气氛营造依赖于场景的形体造型，故事情节中的气氛主要靠场景中的色彩、色调、光线来营造。

（三）刻画角色

影片的角色也就是常说的人物，动画片中的角色包括更广泛，可能是人物，也可能是动物或是一切生命化、人性化的物体，这是动画片自由逻辑系统带给人们的自由想象创作空间。场景与动画的情节、角色的活动紧密联系在一起，与动画角色之间是互动的关系，场景是为角色动作设置的，不仅能够交代影片的时空关系，还能营造气氛，刻画角色性格等。刻画角色就是刻画角色的性格特点，反映角色的精神面貌，展现角色的心理活动。刻画角色性格及典型环境角色与场景的关系是不可分割、相互依存的，典型的场景环境应为塑造角色性格提供客观条件，因而成为典型环境。刻画角色的性格除了对角色身份的物质空间，包括生活习惯、兴趣爱好、职业特征、对周围事物的爱憎好恶等的塑造外，还要对角色的心理空间进行刻画。角色的运动演绎与场景空间具有很强的交融性和互补性。动作是角色内心活动的外部表现，是角色与周围环境或角色之间关系矛盾冲突中产生的心理活动的反映。

（四）体现美术风格

动画风格是动画通过场景的画面效果来表现一种具有特定结构特征的

艺术形式风格的定位，从构思上是多因素的，但就动画风格的表现，主要是从造型、线条与色彩来实现。场景总体设计必须围绕影片的主题进行。主题反映于场景的视觉形象就是要找出影片的基调，影片的基调就是通过影片的造型、色彩、故事的节奏等表现出的一种特有风格。场景总体设计的关键在于探索与主题完美结合的独特造型风格。从剧情出发，结合角色的造型特点，考虑场景的表达意图，如此才能制作出符合整体风格的场景。一部优秀动画片的主要场景往往是民族文化、自然地理风貌与时代特征的融合，而艺术风格则是动画作品内容和形式的独创性，两者整合而为动画片的整体精神风貌。动画艺术设计在一定思想指导和艺术风格的引导下，必定会对动画场景形成一套特殊的表现手法，其中有侧重地提炼生活中某些特殊具体的元素，在设计动画场景中加以集中、概括或夸张等艺术化的表现，来烘托强烈的主体人文精神和情感，可以创作出赋予独特艺术风格、鲜明精神文化情感特征的优秀动画作品。

三、动画场景设计的镜头类别

（一）室外景

室外景包括房屋建筑内部之外的一切自然和人工的场景。动画中外景的出现，无论场次的长短、多少，都会在动画中形成一种整体的空间规模、感觉和效果。外景的应用，使得角色的表达更有环境依据，使角色在叙事上更有可信程度，更有利于角色形象的塑造。在设计室外景时要特别注意依据剧本来考虑地区、时代因素。

（二）室内景

室内景是人物（动物）居住与活动的房屋建筑、交通工具等的内部空间。在内景设计中，显得动画场景的空间变化较多，但不完整。内景的应用，优化了设计的造型元素，在视觉上更有利于角色的塑造，更主要的是有利于角色“戏份”的表现。

在设计这种场景时，一定要根据剧本所示的人物的特定情况来考虑，设计其中的道具、空间布和色彩运用。室内空间（特别是私人的）具有个性化的特点，观察其中的陈设和空间布局及色彩配置，可以大致判断出主人的身份、性格、爱好、经济收入、阶层、时代、地域等诸多情况。在设计公共室内空间的场景时时，要更多地考虑地域、时间用途，同时还要考虑建筑本身的尺度及其中角色之间的比例关系等因素。

（三）室内外结合的景

室内景和室外景结合在一起的景，属于组合式场景，其特色是内外兼顾、结构复杂、富于变化、空间层次丰富，便于不同层次空间的角色同时表演。

（四）自然景观

自然景观是天然景观与人为景观的自然方面的总称，包括山水环境、动植物景观和天象景观，山水环境与动植物景观是体现地方特色、民族特色与风土人情的重要场景。天象景观则包含雪景、雨景、日景、夜景、黄昏等的艺术化塑造。自然景观通过山川河流、湖泊大海及生物环境等自然界现象来体现空间景观特征。

（五）人文景观

人文景观包括社会环境和人工环境。其具体形式包括古代建筑、文化遗址、民族民俗景观、城市、村镇等。动画的人文景观营造了一个美丽而富有特色的景观，起到引人联想的艺术效果作用，通过处理空间和布局而创造出独特的风格动画中的人文景观应考虑画面的连续，使人文景观场景剧情系列化展示。依据剧情的需求，任何动画的场景设计都需要有鲜明的时代背景与地域特色，这个时间性与地点性可以是真实的也可以是不真实的。

四、动画场景的风格类型

场景风格的确立有两个基本依据：第一，剧本本身的内容和题材；第二，创作人员的审美趋向。

（一）严谨细腻的写实风格

动画场景的写实主要表现在五方面：造型样式的写实，对客观现实的记录和再现，考虑历史的真实、时代的要求和地域的特色；自然材质的写实，场景中所涉及的自然属性的材料和质地都要遵循一定的自然法则，并符合人们的常规视觉感知；透视角度的写实，符合一定的科学透视规律，符合人们日常心理、生理习惯的相对真实；光影关系的写实，符合科学和自然的光学规律，而且要符合自然界中物体被光照射后所产生的投影效果和投影角度；色彩规律的写实，符合光色条件下物色色调的色彩形式，也就是人们常认为的天是蓝的、云是白的、小草是绿色的等。写实风格场景的特点是画面效果精细、丰富，具有质感，给人一种身临其境的感受，真实并具亲和力，符合大多数观众的欣赏趣味和习惯。

（二）充满幻想、夸张的卡通风格

这一类风格的形式造型一方面较为简洁、概括、单纯，同时又极其大胆、夸张，超乎规想象，透视的处理上反自然与科学的真实关系，打破常规的比例关系，追求奇异的透视效果；色彩处理上概括、大胆、超乎规心理和客观真实的视觉习惯，有时还有超乎常规的光影效果。另外，加上新奇、大胆、夸张、独特的道具造型，其绘制手法也不受局限。

（三）鲜明概括的装饰风格

装饰风格就是将生活中物象的自然形体和复杂的颜色进行一定的概括和规则化、秩序化。装饰风格场景遵循秩序性的原则，将生活中的随意形体，经过删减、概括、归纳、夸张，去粗取精，得到具有一定秩序感的形体，对场景中的装饰因素概括并强化，如变形、变位、变色等。主观装饰性的特点是对物象的形、色、基本规律进行简练、概括，大块的装饰效果更能突出主题和主角。

（四）虚拟场景的超写实主义风格

动画中有一类场景是非现实的，超乎人们日常生活的常规视觉与想象的场景，它追求的不是“逼真写实”，而是夸张、变形、奇幻、情趣的艺术世界，具有高度的虚拟性。动画场景的艺术创造不是抛弃现实去凭空捏造，这种艺术创造必须提炼于现实的基础上，并能合理解释；能让观众的视觉游离于现实与虚拟之间，达到意境的融合。由此可现，虚拟场景是以一定现实基础为依据的自由创造，这样的场景是有高度的“艺术真实性”。而构建虚拟场景是通过造型主体来实现的，造型主体有三大艺术元素，即线条、色彩和明暗。设计中场线条的造型风格要与角色的造型主体风格相统一，使它们能融为一体。色彩和明暗让场景中的物体具有物质的体积器、质量感特征。通过运用不同风格的线条、色彩和明暗变化来实现场景的空间、风格及情感特征，塑造充满情感的场界氛围。

五、场景的构思与绘制

（一）场景设计的原则与方法

在学习当中，往往把握空间造型并不难，难的是做到“形式追随功能，场景追随影片”，这是场景设计的基本法则。

1. 从剧本出发、从故事内容出发

动画场景是展开动画剧情单元场次的时空环境，也是人物角色思想感情的陪衬，是烘托主题特色的重要环境。设计动画场景的首要工作是熟读剧本，理解故事发生的时代背景、地域特征、民族特点，掌握影片的类型与风格，做到从剧情出发，分析角色特征，明确影片风格，设计出符合影片特色的主调。因此在场景设计时，不能将场景孤立起来，当成简单的填补镜头画面空白的手段，而应当积极地与角色结合起来，成为角色动作的支点。场景设计首先要满足角色表演的需要，要处理好角色的行动路线、所处的位置及角色的动作与动画场景的关系。这也是场景设计的首要任务。

2. 从生活出发，强化动画片的写实感

场景设计需要从生活出发，深入生活去感受、理解。到生活中寻找、挖掘，表达熟悉的环境，如果对选择的场景很了解，就会在其中加入真实的细节和充实的场景。例如，动画片《龙猫》，选取乡间作为背景，是宫崎骏儿时在乡下的生活环境，经过设计者对景物的重构，整个动画片洋溢着清新淳朴的美。由此可见，对场景的创作不是要抛弃现实中的东西去凭空臆造，而是对现实事物的重建和升华。

对于魔幻、神话、科幻类题材影片，尽管故事中的场景在现实中并不存在，但仍需要通过搜集丰富现实资料进行想象创作设计。

（二）探索独特恰当的造型形式

动画场景的结构造型与空间塑造、与色彩材质、绘画风格构成直观可视的形式，动画场景既表达了影片的艺术追求，也体现了影片的艺术风格。极端的绘画风格和极端的写实风格都是不适合的，应该提倡的是建立在写实基础上的一种绘画感、装饰感。因为动画本身具有它独特的审美特点，也就是绘画风格。观众欣赏动画就在潜意识中抱有一种特定的审美心理期待，因此才会诱使观众走进影院。如果动画片一味追求真实感，这样与故事片就没有区别，更何况动画片的写实也不可能超过故事片的写实，观众自然就没有看动画片的必要了。动画片中镜头可以没有角色，但一定要有场景，场景占镜头画面面积的绝大部分，角色虽然是主体但往往占画面的很少面积。观众的眼睛始终是被场景的画面包围。所以场景的艺术性非常重要。如传统动画电影《大闹天宫》，其造型风格是完全的绘画感和装饰感，这样的造型在艺术审美上很有价值，也很独特、风格化。

（三）树立整体统一的造型意识

整个影片风格要统一和谐，把握整体基调是动画场景设计最基本的创作理念。影片的主调，相当于音乐的主旋律，是通过造型、色彩、情节、节奏等视听要素的有机组合所形成、体现出的影片情感特征的一种基本情调。一是主创人员创作意识的统一，以导演的创作意图为依据，体现导演的创作思路，也体现整部作品艺术风格的统一；二是在设计动画场景时，要考虑影片时空的连贯性，一部动画片会有许多不同的场景，配合故事情节的发展不断变换，场景之间在时空上要有连续性，这样才能保证情节的流畅，才能给观众建立一个完整的时空世界。背景处理在主观上有很多方法，如视角变化、透视幅度、景物取舍、繁简对比、归纳概括。

（四）注意画面构成的效果

动画场景在表现上应该关心画面中的视觉效果，即动画画面效果在视觉上对观众可能产生的作用，恰当的动画画面结构形式可以通过视觉作用的强弱对比，使画面效果与观众的心理产生共鸣。明确画面的中心，设计视觉流程，使观众基本上按照作者构思的线索去浏览画面，这是动画场景画面构成的特殊功能。动画场景构成不是把生活中的真实形象或各种事件原封不动地展示给观众，或者简单地组合排列。从动画效果的表现上去要求，对所掌握的场景画面、生活素材进行提炼、加工或改造，以至重建组织，这是形成艺术画面基本结构的过程，是能体现艺术特征情感表达的重要过程。这一过程直接影响着动画作品的艺术感染力，影响着动画作品艺术水平的高低。

六、动画场景设计的流程

（一）分析剧本

在着手设计场景之前，先对所设计的文本进行仔细的阅读分析，了解故事发生的主要环境、故事的主题思想、故事中涉及的主要场所、主要角色的性格特征，与编导及其他制作人员沟通以达成一致意见。务必要注意的是动画场景设计不等于环境艺术设计，不能只重视视觉效果，却忽视场景合理性，导致创作思路不完整。

（二）搜集素材资料

创作来源于生活，搜集充足的资料有助于场景的创作。因此，在分析完剧本后，对所需要设计的场景进行资料的搜集整理，可以通过实地考察拍摄、阅读书籍及网络搜集图片等方式完成。湖北江通动画股份有限公司的主打产品，改编自中国古代神话故事的动画片《天上掉下个猪八戒》，动画家们在创作初期为了作品能体现剧本中浓郁的中国情调，亲赴各地取景，搜集了大量资料。

（三）明确设计基调和时空要求

根据剧本的剧情确立故事发生的时代背景、社会环境、生活环境和地域特色及时间季节等重要因素，明确影片的设计基调、时空、特色等，找出影片的基调有助于表现主题，基调是通过人物的情绪、造型风格、情节节奏、色彩气氛表现出来的一种情结特征，可以是快乐幸福，也可以是悲伤痛苦。造型形式直接表现了影片的整体空间结构、色彩结构、绘画风格，关系着影片的成败。

（四）主场景的定位

风格确立之后，依据剧情发展、主要角色出现和活动的情节等要求，找出主要场次的戏和情节，明确要设计的主场场景是一个还是多个，以及它们在总平面图上的位置。主场景是指剧本中的主要场景，是展开剧情和主要人物活动的空间，在一部动画长片中往往会存在多个主要场景。由于主场景的地位比较重要，所以主场景的设计风格和色彩基调对于整部动画的画面风格有着决定性作用。

（五）场景草图绘制

根据之前准备的素材，按照剧本的意图进行制场景的草图。首先绘制出带比例关系的具体平面图鸟瞰图，根据平面图推导出立面图。绘制草图时需要注意的是，主场景要考虑机位角度、西面构图及视平线的位置，从多角度进行绘制，要准确勾画各种位置关系的透视图。这一步需要明确室内外与人物的比例关系和空间距离，把握透视关系及比例关系、尺度大小关系，还要设计出人物活动路线和活动空间。对景物要进行归纳与取舍的整理。

（六）最终场景（上色）绘制

根据之前的草图，最终完成场景的绘制或制作，最后的场景可直接用于动画片当中，因此需要有足够的细节，画面完整，如有需要可以对画面进行分层。注意人物活动的空间处理和场面调度，注意不同角度和细节的合理性、统一性和完整性，在形式结构上要能传达出普遍的认知概念。设计出色彩效果图，注意考虑主光源的方向。进行色彩归纳与色调处理，依据时代季节和地方特色等方面的要求，设计出主场景的色彩效果，统领整部影片的色彩基调和色彩风格。注意体现出色彩的一般感觉概念。

七、动画场景设计图的制作

（一）构图的制作

1. 场景方位结构图

场景方位结构图是指平面图、立面图、鸟瞰图等。绘制这些图的目的就是要准确、清晰地将场景结构方位表述出来。场景方位图可以明确场景的具体空间形态、结构特点。由于场景制作是团队合作开发，场景设计者应该用准确细致的图样，为未来影片的场面调度提供可靠的依据，为镜头设计提供方便快捷的思考空间。

2. 画场景效果图

画场景效果图是通过画面效果来表达动画场所需要及预期达到的效果，效果图的主要功能是将平面的图纸三维化、仿真化，来检查设计方案的细微瑕疵或进行项目方案修改的推敲。场景效果图是最能直观、生动地表达设计意图，将设计意图以最直接的方式传达给后面的制作者的方法，从而使后面的制作者能够进一步根据设计思想去完成场景图的绘制。效果图应该符合事物的本身尺寸，不能为了美观而使用效果把相关物体的尺寸变动，那样的效果图不但不能起到表现设计的作用，反而成为影响设计一个因素。

（1）场景图

分层处理将场景的前景、中景、后景和背景等若干景次分别按照预先设定的比例绘制在不同的平面上，然后在动画制作的时候依次叠加在一起，在镜头里依次做推进和拉远的效果，制作中各景次之间依次出画或入画，以及运动速度的不同、虚实变化的不同、大小比例的不同，从而模拟出镜头推拉移动的视觉效果。

（2）正反打关系

正反打场景实际上是一个大场景的两个不同的视角，不能孤立地制作，创作者应该身临其境地去感受。影片中在角色对话时，正反打场景体现得较为明显。在满足轴线原理的同时，能让观众始终有在统一场景中的感觉。正反打场景应特别注意光线的方向。

（二）场景的空间透视

1. 动画主题的表现是依据剧本的描述

通过动画镜头画面的特殊语言表现及手段，让文字语言转变为视听语言，在这个转变过程中一幅幅动画镜头画面就包含了“透视”。透视是在二维空间中表现纵深的空间感，透视是画面魅力表现的关键，也是构成画面空间的基本条件。在艺术性的处理动画主题时，正是借助透视的变化、色彩的冷暖、画面的明暗层次等，显示强烈的震撼力，用视觉上的空间形态影响人的心理情绪。透视无疑成了动画片的生命线。

2. 画面的空间关系是由构图布局的因素形成

目的并不仅仅是满足一般视觉效果上的要求，更重要的是使人能在有限的画面空间中感受到更多、更丰富的内涵。所以在设计和调节画面中的空间层次关系时，应根据其对视觉心理所产生影响的规律为基本原则，运用透视合理解释场景及其中角色。这就不仅要求准确地反映出空间关系，还要考虑主体在画面中的位置；画面中视点的方向、角度；透视角度的变化；距离远近的关系；空间大小的比例；人物之间的主次排序等。本书主要研究以下几个方面的内容：

3. 空间的体量设计手法很多

如设置前、中、后景，构成有纵深感的三度空间；运用透视合成与透视原理扩展有限空间；使用烟、雾、气等手法造成虚幻空间，用梯级的层次形成高低错落的节奏感；用曲折迂回、阻隔叠嶂、借景映衬等布局，使空间环境变幻无穷强化景深（景深是指场景前后的距离），加强场景的深度感，可以有效扩大场景的空间感，光影关系的运用是塑造距离和深度感觉的很好手段，也是构成立体感的重要手段。

4. 动画场景的空间营造，场景的总体气氛

这是空间的总体风格、形体造型、空间体量和色彩光影整合运用的结果。因此要求动画场景设计师不仅应具有较高的综合设计素养基础，而且设计师还应具有空间气氛营造中对这四方面的协调控制能力。动画场景设计师应从个人的生活环境、影视或其他可视化的素材、历史场景、神话，甚至梦中去寻求动画空间场景设计的灵感和素材。

（三）不同视平线的运用

视平线就是与画者眼睛平行的水平线，视平线决定被画物的透视斜度，被画物高于视平线时，透视线向下斜；被画物低于视平线时，透视线向上斜。视平线高低位置的不同，物体在透视空间中的关系截然不同，视平线对画面起着一定的支配作用。因此在动画的设计中，设计家总是将动画情节、内容及心理情感等与视平线的关系艺术性地将其交织组织在一起处理，以此产生独特的艺术效果。

1. 低视平线构图

视平线在人物的腹部以下，或处于地面一带，造成画面上对大部分物体的仰视效果。在构图中可以加大画面上半部分的空间，易表现宽广的场景，如草原、天空、乡村、风景等。这种手法是有意地压缩地面在画面中的面积，具有狭窄之感，画面重心聚集在画面的下部，地面上的景物叠加相互映衬，透视感强烈，有明显的近大远小的效果，前景中的物体中的场景，低视平线的构图使前景中的物显现出高大雄伟，具有气势磅礴之体更引人注意感。

2. 高视平线构图

视平线在人物的头部以上，视平线高会使视野开阔，描绘的景物更多地展现在人们面前，具有居高临下之感，这种视平线在透视上出现近低远高，远、近景物的透视变化不明显，主要是压缩天空在画面中的面积，同样也具有狭窄之感。扩大地面的空间而显得宽阔。易表现人物集中宏大的

场面，加强画面的纵深感，高视平线在场景处理中，一般不需要对前景中的物体加以表现或突出。通常是根据故事情节的发展，渲染营造场景中的气氛。

3. 中视平线构图

视平线在人物的胸部到头部一带，造成身临其境的效果。中视平线在动画场景中是种较为常用的手法，视平线的位置处于高、低视平线之间，在画面的中部。以视平线为界，上方与下方面积大致相当，在视觉上差别不大，较为平稳。运用中视平线通常与作品的内容叙述有关，当观看一部动画片时，镜头总会有推、移、摇、拉过程，画面的视平线不停地变化，时高时低，有时会出现长时间的中视平线的画面，这样能给观众在观看影片的过程中起到暂时的停顿，使视觉不会常处于紧张而刺激的状态。从片中的内容讲，中视平线能把低视平线、高视平线的画面内容连贯，构成连续性，画面形式更具有变化。

4. 倾斜初平线构图

倾斜视平线构图是动画构图一种特殊的形式，在绘画作品中较少出现，但在动画表述故事情节中是常用的一种手法。与中、低、高视平线有明显的差异。这种处理就像拍照或摄影时，用镜头斜拍，画面景物呈现倾斜状，视觉上有一种别致的感觉，倾斜动感较强。这种手法在电影中常见，其原理是，将视平线、地平线、地面、画面等关系同时倾斜，在原视平线上的诸灭点也随之倾斜，这与俯、仰视的倾斜有着本质的不同（倾斜视平线中画面仍然垂直地面，而俯、仰视中画面倾斜地面），倾斜视平线在运用中，倾斜角度不宜过大或过小，如果角度过小，倾斜的效果不明显，如果角度过大，场景将失去真实性，视视觉难以接受。像人的摔倒之感，一般在10° ~ 45° ，因此对倾斜视平线的选择要根据片中的内容、题材而设定倾斜角度。例如，当人受到外界的干扰或是表现天旋地转等场景时将起到较好的视觉效果。

5. 初平线在画面外的构图

动画透视是夸张的视觉，有时视平线甚至可以在地平线以下。这种视平线在动画、动漫设计、绘画的主题运用中较多，而在环艺、工业设计中较少运用。从透视学分析，此类视平线同属高视位而引起透视变化的结果，也是一种多变表现主题的有效手段。地平线在画面以外，其目的是抬高视位，尽量扩展画面中的地面空间，主体物占据画面主要位置面积之大与地面中远处景物之小形成视觉极大的反差，具有身临其境的效果，充分地传达了主题思想，在画面处理中，有时是有目的地进行夸张，以此造成特定的视觉效果，但与实际的空间位置有差异。特殊的处理手法能更好地表现作品内容和情感，众多的动画设计家经常别出心裁地选择此种处理手法。

（四）心点在画面不同位置的运用

心点的位置即视觉中心的核心，是视觉专注中心，在这个中心处所引起的形象变化往往是最容易引起人们的特别关注，视觉中心、心点位置不同，而引起关注的方向、位置程度也不同。心点的位置及设定与故事的内容、主题紧密而巧妙地糅合在一起，运用到构图形式之中，以创造出形式多变、赏心悦目的画面。心点位置可分为以下几种：

1. 心点在画面的中心

心点安排在画面的中心处，能较好地突出主体形象的特征与主题关系，画面通过多条直角平变线和视向的诱导，加强视觉的注意力，使主题“一目了然”，从而更深层次阐述主题思想。这种处理手法具有左右对称而庄重、稳定之感，处理不当时，往往比较呆板。通常解决这一问题的方法是通过场景中的人物姿态来改变。

2. 心点在画面在左、右两侧

心点的位置不是一成不变，而是根据故事情节的内容、主题、构图的需要左右移动，当镜头从横轴向左移或右移，则产生水平方向物体在空间的运动，在影片中形成由上一画面至下一画面的连接过程，有效地确保了叙述故事情节的完整性并造成人们视觉的期待。当镜头停留在左边或右边时，心点的相对位置就是确定的场景。因此心点的左右位置是渲染场景气氛的一种有效方法。但不管是右移还是左移，心点的位置必须在视平线上。不同的心点位置，将起到不同的效果。在平行透视中为了防止画面的单调，利用视觉导向流线程关系并结合心点，使构图更具有变化。处理心点在左右两侧时，应注意画面的轻重关系，防止构图重心不稳。一般来说，低视高的心点位置易安排在构图的下半部，而高视高的地平线的心点位置安排在画面的上半部为好。

（五）不同角度的透视

1. 一点透视

一点透视将观者的视线聚焦于一个中心点，对于主题的导入与情节的发展乃至镜头的推移有着顺理成章的影响。一点透视具备层次分明、场景深远、稳定、对称、整齐的特点，能够充分地展现空间环境的远近感，如笔直的道路、空旷的田野、广阔的大海等场景。画点透视图时，首先要找出灭点，然后通过灭点延伸出透视线，其他所有物体的透视，都是按照从灭点出发的透视线的透视而确定的。

2. 两点透视

两点透视又称成角透视。两点透视是指观者从一个侧斜的角度，而不是从正面的角度来观察目标物。因此，观者既看到景物不同空间上的块面，同时又看到各块面消失在两个不同的消失点上，而这两个消失点皆在一个水平线上。两点透视在画面上的构成，先从各景物最接近观者视线的边界开始，景物会从这条边界往两侧消失，直到水平线处的两个消失点。画面的构成，则先从各景物最接近观者视线的边界开始往两侧消失，直到水平线处的两个消失点。透视能够很好地展现景物重要部分的全视线。表现出的画面效果自由、生动，具备真实性、多样性，有助于表现人物的集会等复杂的场景。

3. 三点透视

两点透视的基础上多加一个消失点，便构成了三点透视。在三点透视中，景物没有任何一条边线或块面与画面平行，相对于画面，景物是倾斜的。当物体与视线形成角度时，因立体的特征，会呈现往长、宽、高三重空间延伸的块面，并消失于三个不同空间的消失点上。第三个消失点通常表达高度空间的透视关系，消失点则在水平线之上或下。所以三点视又称斜角透视图或仰视图及夸张的形体透视。仰视塑造的特殊视角，使动画人物形象极富崇高感和神圣的力量。第三消失点在水平线之上，表明观者仰头自下而上观看场景，物体往高空延展，由于视线受到限制，空间范围较小，透视特征下大上小，在静态表现中往往又蕴含着某种动态的速度感，画面具有积极向上、稳定、高耸之感。俯视第三消失点在水平线之下，表达物体往地心延伸，表明观者是垂头居高而下观看场景，视线宽而广，范围广大，所以适合表现较大空间群体场景。景物透视大，动感强烈，形成极强的视觉对比，因而能吸引读者的视线，但稳定性较弱。

4. 散点透视

散点透视又称变点透视，散点透视不受视点和视域的限制，没有统一的视点，画面成平面空间，形象没有近大远小的限制，通常用来表现装饰性及主观性的画面。游戏动画中因为视点是移动的，通常使用的是散点透视。

5. 鱼眼透视

这种构图的方法在动画片中常见到，也符合动画的语言，将镜头拉近而获得的特殊的视觉效果。采取这种大视角、近距离的构图所看到的景物产生透视变形，造成这种现象是由于视距过近。动画常以这种手法增强画面的新颖感，吸引读者，达到强烈的视觉冲击。这种种构图的处理手法是依据广角镜头的原理，在视觉中心附近的景物都不变形，但靠近边缘的物体至斜明显或拉长，形成视觉中心与边缘的对比，从而达到表现主题的作用。

（六）空气色彩透视

色彩的透视实际上就是指空间色，这也是任何造型艺术无法摆脱的透视变化规律。因为人的视觉是按近大远小的透视原理来反映物体的远近距离的。同样大小的东西，靠近的则显得高大，距离远的则感觉矮小。这是近大远小的形体透视规律所造成的。色彩也有透视变化规律，如近的暖、远的冷，近的鲜明、远的模糊等。这些现象称作空气透视，空气透视表现在画面上形成明暗不同的阶调。透视不同的色彩透视。空气透视，是表现画面空间深度感的重要手段，尤其是风景，因为空间距离深远开阔，这种色彩透视变化的规律格外突出。而静物空间小，色彩的透视变化程度也相应地减小。一切物体不仅形象特征随着空间距离的增大而发生变化，而且色彩关系也随之逐渐削弱，这就是空气透视变化的基本规律。如果违背规律，硬是把远处的各种物体画得色彩鲜明强烈，那么它就会从远处跑到近处，从后边跑到前边，而失去了基本的空间透视效果，画面也由深远而化为平淡。在动画场景中具体表现在以下几个方面：

第一，景物和视点之间的距离不同，给观众的明暗感觉不同，即近处的景物较暗，远处的景物亮，最远处的景物往往和天空融为一体，甚至消失。

第二，景物和视点之间的距离不同，明暗反差不同，即距离近的景物反差较大，距离远的景物反差较小。

第三，近处的景物轮廓比较清晰，远处的景物轮廓较模糊。

第四，彩色物体（景物）随着距离的变化，除有明暗之差别外，饱和度也发生变化。近处彩色景物色彩饱和（鲜艳），远处的彩色景物则清淡、不饱和，产生空气透视的原因主要是由于空气中存在烟雾、尘埃、水气等介质，这些介质对光线有扩散作用，其中蓝色光（其短波光线）更容易被扩散，因此，本来无色透明的大气就被染成淡蓝色，这就是产生大气透视现象的原因。距离越远，介质越厚，扩散光线作用越显著，空气透视现象越显著。影响空气透视的因素还有光线照明条件，逆光、侧逆光最为显著，顺光较弱；晴天显著，阴天弱。另外，时间、气候和季节也对空气透视有影响：早晚空气透视现象显著，中午较弱；“雨过天晴”空气十分清洁，远处的景物清晰可见、空气透视现象最弱。

第五节　动画设计的分镜头绘制

一、认识分镜头绘制

动画设计的分镜头绘制又叫作动画分镜头台本，它是将文学内容转化分切成以镜头为单位的连续画面，将文学剧本中的叙事场景和动作分成单个的镜头和段落，它是将剧本文字转换成立体视听形象的中间媒介，是系统化的视听设计。动画分镜头脚本是导演根据文学剧本提供的艺术形象和情节结构，按电影逻辑把文学剧本分切形成连接的画面镜头，写出内容和艺术上的处理手法。它是集导演处理、美术设计、动作设计、表演、提影、特技处理剪辑、对白、拟音、音乐提示于一体的工作蓝本。分镜头是把文字在人们脑海中的印象用行之有效的画面表现出来，是一部动画以图画展现剧情的第一步，或者说它是可以在脑海里“放映”出来的影片，已经获得某种程度上可见的效果。分镜头脚本画面内容的好坏直接影响着稿本的成败。

在整个动画片的制作过程中，分镜头脚本有着举足轻重的地位。不同于连环画的制作，分镜头台本更注重影视语言的运用，它的每一组镜头都要考虑到是活动的和连续的，而不是静止的；要考虑到场面的调度、镜头的运动、画面的视角变化、动作的衔接、时间的运用、节奏的快慢等一系列银幕效果。后续各环节的制作都是依据画面分镜头台本来进行的。一部影片好看与否，分镜头台本很重要，它是一剧之本。分镜头台本出来后就可以开始中期制作了。动画分镜头脚本的作用，就好比建筑大厦的效果图，是动画师对未来影片的整体构思与设计的蓝图，是动画师进行绘制、剪辑师进行后期制作的依据，也是所有创作人员领会导演意图、理解剧本内容、统一创作思想、制订拍摄日程计划和测定影片摄制成本、开展工作的主要依据。一部动画片从创编、设计、绘制、后期等各个环节都加入了参与者的创造性工作，但具体的技术及制作管理又是科学、理性的，目的是提高工作的效率。分镜头脚本的质量直接影响着整部动画片的制作水平，它有利于保证工作的计划性。分镜头为动画创作与制作团队提供了统一标准、协同合作的依据，是生产计划与制作效果顺利实施的保证。它能简单地呈现出一部动画电影，为将来的拍摄提供了重要的参考依据，避免了很多麻烦，节约了时间和成本。同时它也是长度和经费预算的参考。

分镜头是导演用来表述自己的想法和拍摄风格的重要手段，是向其他部门人员传达思想和意图的重要途径。一般导演会先对剧本进行分析研究，然后把未来影片中准备塑造的声画结合的荧幕形象通过分镜头的方式诉诸文字和画面，就成为分镜头脚本。动画制作人员能够从分镜头剧本中了解到摄影机拍摄的角度、镜头运动的状态、人物的对白及动作，如何确定两个镜头之间的衔接。它明确树立动画片在内容上的整体观念，追求内容与形式的统一，并确立动画片内容本身与风格样式的认识价值和审美价值，它发挥了影视视听语言和动画技法对表现内容与形式的特殊功能。

分镜头台本的创作涉及的知识面较广，包括导演统筹、场面调度、文学、视听语言、美术设计、动作表演、摄像和剪辑等方面专业知识，对于创作者综合素质要求较高，优秀的分镜头画面设计者需要足够的生活经验、细致的观察能力、熟悉戏剧表演形式、扎实的美术表现力作为创作的基础，还要求创作者对拍摄对象有充分的了解，理解并熟练应用影视听语言，掌握蒙太奇技巧。绘制分镜头的脚本师，是一个非常重要及专业的位置，脚本师主要的职责是根据剧本内容以分镜头方式来表演故事，用画面来表达剧情，脚本师必须具备动画制作及绘制知识，他的分镜头决定往后的制作，部分著名的动画导演往往兼任脚本师的角色，脚本同时决定一个镜头的构图和美感，必须注明画面的光效及气氛表现，它会导向往后每个绘制工作的程序。通常情况下，绘制一个动画剧集或一部电影大多由一位脚本师贯彻绘制，如果由多位脚本师合力，可能会出现风格不统一的情况，脚本师的创作力因此必须非常丰富。所以在学习过程中应在融会贯通动画影视语言的基础上，强化并重视分镜头制作的系统性和实践性。

二、分镜头脚本的构思

充分体现导演的创作意图、创作思想和创作风格是分镜头创作的必要要求。把握整体结构、采用多种手段、强化重点情节、运用影视手法、增强艺术魅力、符合格式要求，是构思分镜头的关键环节。将文字描写具象画面化、展现真实环境空间、塑造角色性格、交代角色关系、恰当地处理声音、合理运用影视语言、把握时间与节奏的变化、用流动的画面表现故事发展过程，是分镜头创作的必要条件。

（一）分镜头台本画面内容的安排

分镜头台本的创作大多以剧本作为依据，可以在文字分镜的基础上进行绘制，也可以在没有文字分镜的情况下直接将文字剧本做适当调整或增删后，直接画出画面并写出文字提示的内容。分镜头脚本的结构要求与文学剧本的结构要求是一致的。结构是指剧作的构架，它服务于内容，是作品的重要组成部分；结构的力量不能低估，结构可以塑造性格、表达思想、增添艺术魅力。依据文字剧本加工成分镜头脚本，不是对文字剧本的图解和翻译，而是在文字脚本基础上进行影视语言的再创造。分镜头稿本并不是要照搬照抄文字稿本的画面内容，而是要以文字稿本的画面内容为基础再将一些拍摄技巧及镜头组接技巧和画面内容结合起来述，并有意识地运用构图手法描述画面内容，使人在阅读时能产生“如睹其物、如闻其声、如临其境”的感觉。分镜头脚本要通过视觉和听觉呈现人物形象、环境、时间、语言、动作、行为、事件等较为具象的内容，这个转化过程对分镜头脚本创作者具有较高的要求：要具备将无形的文字转化成为有形的动态画面和声音，而这个过程需要创作者具备较强的创造能力。正因为这种创造性的存在，才使得创作者们在遵循分镜头脚本设计理论体系的基础上，不拘泥于某些固定的模式，充分发挥各自的主观创造性，也形成了众多影视作品不同的风格和特点。例如，文字中描写“松柏环绕中的古刹”，创作者在由文字向画面转化过程中会考虑到诸多问题，如究竟是哪个年代的古刹，是何种建筑风格，在何种地形上建筑，与周围松柏树木是什么位置和空间关系，在镜头画面构图中如何呈现，选用哪种机位和角度选景等各方面因素。由此可见，这还不仅仅是简单的文字向声画的转换，还涉及历史学、建筑学和美学等多方面元素。以镜头画面作为情节叙事的主要手段是包括动画影片在内的影视艺术区别于其他艺术形式的显著特征之一。

例如，文字“夜空的雄鹰”，在由文字向画面转化过程中会考虑很多问题，如夜空下的场景风格，在何种地形上，夜空和雄鹰是什么位置和空间关系，在镜头画面当中如何呈现，选用什么机位和角度等各方面因素。而不同的创作者都会凭借美术功底、丰富的想象力和各自对生活的体验，创作出不尽相同却各具风格和特色的作品。

分镜头要切合剧本，更好地表现出剧本所给出的思想和主题，给人物设定特有的行为、语言，根据文字剧本让人物有感情及充满幽默感，不断地调整使剧本上的东西都活动起来，从而达到最好的效果。分镜头脚本设计的一项重要内容是塑造角色性格。一般而言，演员在没有任何语言、情绪、动作等行为时，不可能成为一个鲜活的角色，而生动鲜明的角色对影片来讲无异于灵魂。

分镜头画面设计通过表演生活化的片段和细节事件来塑造表现角色的不同个性，设计者通过连续的动态描绘，将表演内容准确传递给表演者和摄影师。比如这样安排画面内容："一个同学骑着自行车"。若以这样的分镜头稿本作为依据，在后面的制作中常常会出现意见难以达成一致的现象。有的人认为现场应该放在校园的林荫小路上，有的人却认为现场最好放在宽阔的教学楼前，因为没有事先明确一时也难以确定。因此在安排分镜头脚本的画面内容时必须使画面内容达到形象具体：谁来骑？怎么骑？在哪儿骑？这些内容都要明确。画面内容要形象具体是对分镜头稿本的最基础的要求。在此基础上分镜头稿本的画面内容还应生动、鲜明。每一件事物、每一种现象都有若干种造型方法，在编写时要特别注意选择那些最具有表现力的画面，画面形象要栩栩如生、富于动作性，使观众看了乐于接受。

（二）把握整体结构和时间节奏

在分镜头脚本创作的前期构思中，设计者会将整个故事按照构思分成若干单个镜头的连接呈现出来，这些单个镜头之间存在着各式各样的相互关联，并按照某种形式串联得以形成整部影片，如以动作、情绪、思维、语言、声音、场景等因素形成有相互联系的衔接，达到整个影片的叙事目的。单个镜头形成之后，将众多镜头衔接得自然流畅，也是分镜头画面设计的重要内容。影视作品讲述故事可以按照时间顺序进行，亦可以打乱时间叙述，类似文学作品里的倒叙、插叙等手法。但无论采取何种叙述方式，都有一个共同点，即需要将导演的意图对观众形成清晰的表达，不产生误解或歧义。这不仅仅是叙事的清晰，还包括视觉的连贯、听觉的顺畅等。

综合上述因素，才能使影片传递给观众的信息得以正确的读解。动画作品中的时间不同于现实生活，既可以压缩，也可以扩张。在进行特殊处理时往往能够产生各种不同的效果。时间的处理直接关系到影片情节开展的节奏、速度、情绪等。

处理影片声音的原则是每一个镜头或主要动作要以最清晰和最有效的方式呈现在银幕上。视觉流畅是镜头衔接的主要目标，连贯性则取决于故事的发展和剧情的设计，角色的动作设计和镜头画面的协调设计，在分镜头脚本设计过程中，各个方面都不能孤立地对待。视觉听觉的流畅连贯还需要创作者了解和掌握必要的剪辑知识，如剪辑构想、剪辑点的掌握、合理选择运动分切、剪辑技巧、镜头衔接技巧和声画片关系等知识内容。从逆向角度来讲，也可以说分镜头脚本设计是对动画片前期的第一次剪辑处理。

（三）兼用的构思

每片长1分钟的片子一般最多使用8个背景画面，因此一部22分钟的影集大约要用180张背景。构图设计师做场景兼用构思能省下许多成本、时间。构图设计师少设计一些背景，背景师就跟着少画一些，他们可以利用更多的精力去画好每一张背景。每部动画片都有兼用背景，找出有兼用的台本画面，将情节镜头角度画出背景草图，并将使用该背景的景号标明出来，这是有高度利用价值的素材，直接找出可兼用的背景，比用它们的拷贝稿来得更方便。使背景张数减少，降低成本，有多种方式，例如，设计重复拉的背景，用得较多的像街道、森林、天空、草原等，可以重复使用，可以拉动使用，也可找一个部位静止拍摄，还可以在原构图中新增设计前层，可以用来掩饰以前曾使用过的背景。当场景中有长短背景时，可集中设计长背景并以此做兼用背景，可以减少一个影片中原本所需长背景的数量。循环使用背景的长度一定是5个12F安全框的长度。否则，衔接的部分很难做得好，而且在银幕上看起来很单调。反复的部分，第一和第五安全框要画得一模一样。而且要用心考虑衔接部分是否正确，不要在循环长背景上画出太阳、月亮或出现字，这类东西如果重复出现在幕上，就会暴露出背景偷懒的地方了。

背景可以兼用，同样动画也可以兼用，兼用动画要比兼用背景来得更有变通性，因为它可以反描、缩小、重新安排位置或作为新动画的指示。兼用动画的使用和兼用背景的使用一样，都能使下道工序减少工作量。兼用前一景的动作，理论上只要将安全框改小一点就可以，但要注意切入的角度，不能用标准大小的中远场景切入做特写。

三、分镜头脚本绘制的内容

绘制分镜头有两种方法：一种是连贯分镜，即由开场分起，从开端、发展、高潮到结尾，顺序分下来，然后总检查；另一种是重点分镜，即先把重场戏和戏中的高潮做重点分镜，构成剧中的主要场景，然后再连贯其他部分。无论选择哪种方法格式，在绘制时都要注意把导演的创作意图、创作思想和创作风格充分体现。要使剧本的每一个镜头的画面风格更加简练，更加具有连贯性，必须流畅自然。因为分镜头的目的是要把导演的基本意图和故事及形象大概说清楚，所以细节的地方不需要太多，太多的细节反而会影响到总体的认识。

分镜头脚本的具体内容包括 10 项，分别是镜号、机号、景别、时间、技巧、画面内容、解说词、音乐、效果和备注。在这 10 项内容中最重要的就是分镜头的画面内容。一般按镜号、镜头运动、景别、时间长度、画面内容、广告词、音乐音响的顺序，画成表格，分项填写。这样的格式，既分清楚了拍摄场景，如地点和内景、外景；也分清楚了拍摄时间，如日景、夜景、黎明、傍晚、雨景。人物的动作、表情和对话也一目了然，画面感很强。分镜头脚本多绘制于分镜表上，分镜表格式多为横竖两种，包括镜号栏、画面栏、内容栏、对白栏、时间栏、特效栏等内容。填写要求如下：镜号栏用于标明镜头序号；画面栏用于绘制影片画面内容设计，包括构图、景别选择、视角变化、动作表演、摄影机运动轨迹设计等；内容栏需要写明动作提示，与画面中动作呼应，并起到补充说明的作用；对白栏写明对白、独白、旁白、作曲、音效；时间栏写明该镜头长度，多以秒为单位；特效栏写明该镜头需要的特效及用法。在画面分镜中还将剪辑的任务提前大部分完成，镜头之间的衔接、叠、划、淡入、淡出等都需要在台本中指示或标明。对有经验的导演，在写作时格式上也可灵活掌握，不必拘泥于此。

将文字剧本进行分析研究以后，经由动画家以卡通语言再整理消化后开始绘制分镜脚本：它并不是真正的动画图稿，它只是一连串的小图，详细地画出每一个画面出现的人物、故事地点、摄影角度、对白内容、画面的时间、做了什么动作等。这个脚本可以让后面的画家明白整个故事进行的情形，因为从“构图”之后的步骤，就开始将一部卡通拆开来交由很多位画家分工绘制，所以这个脚本画得越详细越不会出差错。人物位置、地理环境都要画出；场景要十分清楚：对白、动作、音效、秒数都要写好；镜头运用、特效（如透过光、高反差）也须注明；脚本绘制工作最佳人选应当由对电影十分了解的脚本师担任；视线、进出场方向、观点都要画得很顺畅。分镜头脚本由若干片段组成，每一片段由系列场景组成，一个场景一般被限定在某一地点和一组人物内，而场景又可以分为一系列被视为图片单位的镜头，由此构造出一部动画片的整体结构。分镜头脚本在绘制各个分镜头的同时，作为其内容的动作、道白的时间、摄影指示、画面连接等都要有相应的说明。一般 30 分钟的动画剧本，若设置 400 个左右的分镜头，将要绘制约 800 幅图画的分镜头脚本。

在动画分镜头的绘制中，主要任务是根据故事脚本来绘制画面，配置音乐音效对白，设置动画的长度。它包括段落结构设置、场景变化、镜头调度、画面构图、光影效果等。分镜头脚本包括镜头画面与文字描述的内容，画面内容由故事情景、人物动作提示、镜头动作提示及影像结构层次、空间布局、明暗对比等元素组成。

画面分镜头是原画设计、绘景、摄影及作曲的工作蓝本，因此必须确定每个镜头的构图、人物位置、长度、规格及摄影处理等。分镜头脚本不需要很正确地将人物造型画出来，原画师靠着分镜头脚本能正确地画出每一集副导演所需的镜头。分镜头台本设计需要在画框内表明角色与场景的关系，每个镜头呈现出虚拟的机位来显示出景别的大小、角度的变化、摄影机的运动轨迹、角色动作的起始位置、连续表演动作等要素。当演员的连续行为时间较长、动作较为复杂时，就不大可能只通过一格的分镜画面表现清楚过程，那么则通常要求设计者用多格分镜画面将动作分解开来加以绘制，而动作分解点一般选择在关键动作的转折处，但在绘制一个镜头多格分镜画面表现时，必须注意要保持同一镜头号，并在分镜表的镜号栏中标注清楚。影片中常见的对白、音效等内容写在声音栏中，但随着具体内容的变化，需要体现在角色相对应的情绪变化中，要抓住其转折点进行具体的描绘，用语言、动作结合声音的处理，揭示人物内心世界，突出人物的性格。

工作的主要内容具体有以下几点：

第一，将文字脚本的画面内容加工成一个个具体形象的画面镜头，并按顺序列出镜头的镜号。作为动画片的编制依据，分镜头稿本的画面内容必须形象具体，使中期绘制人员能明确这一画面所包含的内容和表达的内涵。这就要求创作人员在安排分镜头稿本的画面内容时脑中必须形成具体可见的形象，这样才能通过文字把这些形象反映在分镜头稿本上，形成一目了然的效果，创作者从摄像机镜头的角度出发来描述画面内容，使画面内容形象逼真、跃然纸上。画面形象还须简洁易懂，分镜头的目的是要把导演的基本意图和故事及形象大概说清楚，不需要太多的细节，细节太多反而会影响到总体的认识。

第二，确定每个镜头的景别，将景别标示清楚。镜头是蒙太奇的基本单位，景别是镜头的基本形式，景别运用的节奏感是蒙太奇风格的具体体现形式。动画片蒙太奇风格是建立在画面风格基础之上的动态影视感官体验，是由动画片节奏感、镜头组合方式等元素结合起来的整体风格。蒙太奇风格是动画片深层次的魅力所在，是动画作为影视视听艺术的象征性表现。剧本当中的语言是文字，行之有效的动画剧本为动画片的创作打下了良好的基础，分镜头的语言是各种景别设计，每个镜头的调度变化、移动规律、推拉摇移构成了一个个运动的画面。

第三，把摄像机的运动表述清楚。以平面营造空间变化的动画片，由于摄影机的镜头是假定存在的，因此拍摄的角度、摄影机的运动方式、拍摄速度的变化、镜头焦距的更换、光影和色彩的运用等方面都比常规电影更易于控制，创作者的主观因素也更为明显。而与传统电影创作不同的是，动画片的蒙太奇的创造性在前期表现得尤为突出。动画编剧的脚本，用文字抽象表达自己对动画片蒙太奇风格的主观理解，使其在镜头真实产生之前就已成雏形。导演则按照自己对脚本的理解将其具象化，后期剪辑师的任务是严格按照导演的设计去机械地排列组合。

第四，排列组成镜头组并说明镜头组接的技巧。分镜头运用必须流畅自然，分镜头间的连接须明确，一般不表明分镜头的连接，只有分镜头序号变化的，其连接都为切换，如需溶入溶出，分镜头剧本上都要标识清楚。

第五，相应镜头组或段落的解说词，对白、音乐与音效效果等标识需明确。

四、电子分镜

尽管故事版（storyboard）很早就引入实拍片制作中，但是静态的图像无法直观诠释复杂的画面效果。因此，基于多媒体技术的电子分镜头台本设计方式应运而生。随着CG技术的进步，影视动画的视觉效果也日趋丰富，导演和观众对视听品质的不断追求，使得分镜头设计在电影制作前期中的重要性更加突出。在今天，分镜头设计不论在技术领域还是在商业领域都呈现出专业化趋势，而这些变化也会反过来促进影视动画制作方式上更大的变革。在好莱坞，许多分镜头设计人员同时也是概念设计师，拥有自己的机构，负责为导演提供影片前期创意的咨询服务，根据导演的意图完成从角色设计到镜头设计的系列工作。随着CG技术的不断发展，动画制作的技术含量也越来越高，特别是三维动画和游戏动画的异军突起，使得这些领域对画面的流畅性和观感、镜头的视觉表现力有了更高的要求。因此，在前期创作中，电子分镜成为一种被制作者广泛使用的创作手段。电子分镜头台本及其衍生技术，是新媒体时代下对传统手绘分镜流程的必然发展，它极大地改变着影视动画的制作方式，提高了影片的制作效率，也为电影工作者创造新的视觉感受提供依据。

电子分镜和传统的分镜头台本功能上相似，对前期制作要求较高、预算充分的动画来说，在完成手绘分镜后一般会相应地制作电子分镜。不过，由于两者的记录媒介不同，在具体的使用过程中还是有很多差别。手绘分镜，除了在动画前期制作中用于确定镜头设计之外，在中期制作的设计稿和原画流程中均有重要的参考价值。有时，一些绘制比较精确的分镜头画面会被放大复印后直接在构图设计稿中使用；而动作夸张的分镜头台本也是原画师创作的依据。电子分镜，因其具备视听特性，除作为导演确定镜头设计和风格的依据，更可用来向公众展示，用作展示宣传或吸引投资。此外，由于其多媒体的集成特性，可以方便地将三维动画或特效预先合成到分镜头画面之中，这一点对涉及二三维结合或实拍和动画结合的复杂镜头的后期制作尤为重要。

电子分镜对于无纸动画的制作非常重要，其意义不局限于镜头设计和构图设计，而是直接扮演着原画的角色。多数无纸动画软件都可以用来制作电子分镜，这样，在同一个软件内，就可以完成从前期到中期，甚至包括后期制作流程的无缝连接。以 Fash 为例，前期制作中，分镜绘制者根据对白和导演的要求画出每一镜的画面效果，如果有必要，分镜师可以通过在时间轴上插入关键帧的方式在一个镜头中加入多个画面，形成简单明了的动画效果。为脚本完成声画合成后，就可以进入中期环节了。在很多商业动画制作中，电子分镜往往也作为动画制作的工程文件由制片方分发给中期制作人员。中期制作人员接到工程文件后，在时间轴分镜头图层上新添加一个动画图层，根据分镜的提示，完成动画的制作。

三维动画，由于涉及大量角色、场景和镜头的三维运动，所以对电子分镜的要求较二维动画更高，需要更多的画面来描述镜头内各种元素调度关系。而当涉及更为复杂的镜头，二维画面不能满足镜头的诠释时，就需要采用三维动画的形式来制作分镜，为中期制作中机位的安排、基本动画和镜头时间定制提供依据。

五、分镜头的练习方法

（一）拉片

拉片就是对一部影视作品的精读分析，在不断反复看片的读解过程中，了解影片关于影片主题、结构、人物、场景、景别、空间、机位、光线、影调、时间、节奏及对话等各个方面的细节构成。由于绝大多数高校缺乏影视氛围的熏陶，因此更需要通过拉片加强学生分镜头意识和分镜头感觉的培养。学生以前看（动画）影视作品的时候只注意了剧情，几乎没注意过镜头的分切，在实际教学中，可以采取一个“数镜头”的小游戏来引入课程，学生会发现影视作品，特别是现在的商业动画电影的镜头分切实际上是非常频繁的，而镜头分切组合的最终目的，是要达到流畅叙事的需要，要让观众意识不到镜头的存在。接下来可以进行人物对话场景、对抗场景、追逐场景等具体场景的影片片段分析。对动画分镜头课程教学来说，拉片的主要分析内容包括每个镜头的内容、镜头衔接、景别、角度、视角、机位、运动、构图、时间、节奏等。通过拉片有针对性地对动画影片进行反复观摩，有助于学生得到不同于以往的观影体验，受到视听语言的熏陶，培养分镜头意识和直观感受。影片或镜头时间的掌握也需要在实践和拉片分析中学习和总结。

（二）摹片

对动画专业来说，光拉片分析是不够的，因为动画分镜头制作还要落实到每一个具体的分镜头画面和文字上，所以还要进行一定的摹片练习。选择经典动画片中的一场戏或几场戏，让学生按照分镜头绘制的严格规范临摹下来，这就是摹片。摹片的时候，通常从二维动画片入手，从单人镜头到双人镜头逐渐增加难度。通过摹片练习，除了锻炼学生的绘制能力，更重要的是体会到如何将镜头画面内容规范地重现出来，将前面拉片阶段所获得的关于镜头衔接、景别、角度、视角、机位、构图、时间、节奏等直观感受通过一个个分镜头画面与文字综合地表现出来。

（三）命题分镜头创作练习

训练分镜头设计的基本功一方面要重视对双人对话分镜头设计的训练。机位由拍摄距离、拍摄高度和拍摄方向三个因素所决定，与镜头的景别、角度、场景调度关系及剪辑和蒙太奇技巧等息息相关。在分镜头制作课程的教学环节中，进行机位模拟图的绘制，有助于让学生理解机位的概念和规律，深入掌握动画画的镜头语言。因为对话是推动影片叙事发展的重要元素，故机位模拟图的训练往往以双人对话场景为主，分析并画出不同对话场景镜头运动实例的训练。运动镜头是影视艺术区别于其他造型艺术的独特表现手段，是影视语言的独特表达方式。镜头的运动包括推、拉、摇、移、跟、升、降等，是分镜头设计的重要内容。但是当前的动画分镜头制作教材和实践教学往往忽略了这一块。动画分镜不仅仅是对全片所有镜头做出分切和组接，同时也是对每一个镜头的画面、声音、时间等所有构成要素的精确设定，它体系庞杂、内容繁多，要达到纯熟的运用并不是一件简单的事，对教师的教学要求也相应较高，需要在训练和实践中进行检验并逐步积累教学经验，不断完善教学内容。

（四）自由命题分镜头创作练习

提高创作影片的能力这一部分训练有一定的难度，也是对综合能力的训练。可以先从指定剧本的短片分镜头练习开始，然后到原创短片分镜头练习。要求根据指定的文字剧本绘制分镜头画面，利用视听语言的手段将文字信息转化成画面信息，不仅仅要利用镜头画面将剧本表达清楚，还要注意添加自己的风格。同样的剧本、同样的故事，不同的导演就有不同的版本，学生能够了解视听语言的独特魅力。然后要求学生自己创作剧本，根据自己创作的剧本绘制分镜头画面。由于没有文字分镜头剧本，学生的创作自由度大大提高，同时创作难度也随之增加了，让学生真正投入到动画短片的创作中，提高学生分镜头设计的实际应用能力。

第六节　动画设计剪辑合成

无论用什么形式和方法来制作拍摄的动画片段（我们称为素材），在制作的最后阶段都要经过剪辑合成这个步骤。前面已经介绍过，动画剪辑和一般真人实拍的影视作品有很大的不同：动画片的剪辑实际上已经在分镜头设计阶段完成，后期阶段的工作，如果没有特殊的修改和变化，按照分镜头剧本规定的要求来做就可以了。

我们可以在电脑中，通过不同的后期编辑软件来完成最后的剪辑合成工作。

在经过以上不同动画形式的制作过程之后，所有制作好的各个镜头画面素材段落，都单独以镜头为单位（标注 m 镜号的文件夹）由不同的软件输出并保存在电脑中。为了保证画面的质量，一般都以 Tga 格式（无压缩）的图片输出为序列帧，分别保存在各个以镜号命名的文件夹中。这些序列帧和制作好的音乐、声音素材将一起导入后期编辑软件中进行编辑，制作成结构完整、内容连贯的影片。

在 PC 机上常用的后期编辑软件有 Adobe Premiere、After Effect、Shack 等。

这些后期编辑软件一般都称为“非线型编辑软件”，广泛应用于电视、电影和多媒体制作领域。

一、声音和音乐的合成

我们不必多说动画片中的声音效果是如何的重要，因为影片被称为视听艺术，视觉和听觉两个方面的感受相辅相成。相信大家在生活中也多有体会。

在影片中，声音效果的应用大体包括三种：角色对白、音乐歌曲和背景音效。动画片制作中的音乐和角色对话，一般分为先期录音和后期录音两种：先期录音，是先录制好音乐和对白，然后根据录制好的声音内容来设计动画。后期录音，是先制作好动画，再根据动画来配乐、配对白。大部分的动画片制作采用全部先期录音或者部分先期录音的方式，来达到理想的艺术质量和满足剧情的需要。

不论采用哪种方式，很重要的一点是，动画设计和音乐处理必须整体构思，浑然一体。在动画制作最后的合成阶段，要做的工作是：对白、背景音乐、图像和音响、视觉效果的精确同步对位制作。很多情况下，制作艺术动画片的声音来自素材库。这些在市场上可以购买到的音效素材库内容丰富，使用的是没有版权的歌曲、音效。但是这些声音素材也存在缺点，因为它们不是专门为你的动画片制作的，不一定能够非常满意。所以，有时候要利用一些声音编辑软件进行适当的修改。

当然，有条件的话，最好自己创作和录制原创的配乐。如果是采用原创的配乐，在最初的分镜头剧本编写阶段，就应该让音乐人员参与到创作中来。

二、关于片头和片尾

在一部动画短片中，片头字幕和片尾的设计与片中主体部分的内容同样重要。在很多情况下，大家往往会忽视这个部分。片头作为一部动画片的开始，既是交代影片的片名，又起着吸引观众兴趣的作用。好的片头字幕不但使效果倍增，而且会让人难以忘记。我们可以看到许多优秀的动画片有着别具心裁的、富有趣味和原创性的片头字幕设计。

计算机技术极大地促进了动画创作在创意性上的拓展。目前，有大量设计好的现成字体可供选择，并且有相应的文字动画软件来完成需要的效果。比如，Flash 软件就是比较好的选择。当然，也不能完全局限于使用计算机来制作字幕，有很多表现形式和手法可以用来制作文字的动画，比如可以运用定格拍摄的方法来制作。

片尾的字幕主要是有关演职员表和一些版权说明或者是其他任何的权利说明与声明。除了常规的滚动字幕形式外，与片头字幕设计一样，片尾的效果也可以变得富有趣味。比如，皮克萨动画工作室在片尾中使用被剪掉的片段，就是一个很好的创意，在让观众看到原创性的同时，也让大家看到动画人物也会犯错误。还有一种做法是，在播放演职员表的同时播放一些象征整个故事的场景或者一些乌龙搞怪镜头。但是，无论设计什么效果的片尾，一定要与影片本身的风格相一致。

三、最后的输出格式

经过以上的一系列工作环节，最后，编辑完成的短片就可以输出成为一个完整的影片版本。完成全部制作的影片输出规格和格式根据电影院、电视台及网络播放等媒体发行和播放不同的要求而有所不同。

在一般情况下，制作完成的动画片我们可以选择以下三种发行放映格式：录像带、DVD、CD-ROM 光盘。

我们现在最常使用也最方便的输出格式是 DVD 格式。因为随着 DVD 市场的迅猛发展，播放设备已广泛普及，播放质量也相当不错，播放和观看相当便利。

目前，在电脑上使用的刻录软件有非常多种可以选择，操作也相当简单。在 PC 机上比较普及和常用的有 NerO、Adobe Encore DVD 等。

而最新版本的 Adobe Premiere PrO 软件本身就可以直接将编辑好的影片输出为 DVD 格式，这更给绘制作和输出提供了极大的便捷。

在输出影片时，特别要注意一点——制式问题。很多后期编辑软件启动后的默认设置是 NTSC 制式，而我国的电视制式是 PAL 制式，所以在开始编辑前，一般都要在参数选项上进行重新设置。PAL 制式 DVD 的帧尺寸是 720 × 576，帧速率是 25 帧 / 秒。具体设置方式因软件不同而有所区别，但技术要求相同。详细参照各软件使用说明。

第四章 动画短片创意与制作

第一节 动画短片的分类

动画的分类方式有很多，同一部动画可能会因为不同的分类方式而被划分到不同的动画类型里，比方说动画短片《大力水手》（如图 4-1 所示），从艺术性质上看，它属于商业动画；从表现主题上看，它属于幽默型动画；从表现形式上看，它是二维平面的手绘动画。由此可见，从不同的角度来分类会让一部动画片显现出不同的属性。

一、按艺术性质分类

我们知道，动画人做动画，有些是为了实现自己的想法，有些是为了迎合市场的需要。在动画最开始发展的时候，大家都是在按照自己的想法进行动画创作，逐渐动画开始脱离了单纯的个人创作，而融入资本体制商业运作中。尤其是以沃尔特·迪士尼为首的用动画讲故事的创作类型就成了动画市场的一种主流。那么相对的，还有一些动画可能并不专注于精良的画面制作和叙事情节，这些动画可能更加关注一种形式的表现、材料的运用或技巧的表现，这些动画没有像迪士尼动画那么多的观众人群，于是变成了一种非主流，这类动画我们就称为实验动画。

图 4-1 《大力水手》

（一）商业动画短片

讲到商业动画，一般人最先想到的肯定是迪士尼公司。美国迪士尼的商业动画已经形成了一种模式。当然，美国以外的其他国家，例如日本、韩国都有它们适合自己国情的商业动画运作模式。

所谓的商业动画，就是以收视率或票房为最高目的，迎合大众口味和需求生产的动画。出于对市场的考虑，在进行商业动画创作前，一般都会进行充分的市场调查，然后再投资生产，在故事题材选择和表现形式士都会比较谨慎，不会刻意追求个性效果，力求符合一般大众的心理和审美接受度，在众多常见的商业模式中，比较常见的是改变或是创作一些有市场影响力的童话、漫画连环画等，迪士尼公司就最擅长于此。它们改编受欢迎的童话故事，再配上绚丽的画面和动人的音乐，极力呈现一种真善美的温情世界，使不同年龄层次的人都能接受并喜爱，这种策略使迪士尼公司的动画得以在世界不同的国家都一样受到欢迎，当然，这种方式很适合进行商业长片运作。不过，同样是身处美国的华纳和米高梅公司却有自己独特的商业化短片经营之道。最具代表性的商业短片可能就是米高梅的《猫和老鼠》。这部持续半个多世纪的动画短片，永远都是一只猫和一只老鼠在相互斗法，但是每一集都花样百出、滑稽幽默的简单情节让人感到轻松又捧腹。每一集时间很短，就算是在做饭的主妇，也能停下手上的活，瞄上一眼再笑眯眯地离开。这样的短片自然成为全家都爱的保留节目。当然，除了华纳和米高梅的传统幽默小短片，日本也有自己成熟的商业电视动画运营模式。由于日本有成熟的漫画市场，将那些畅销的漫画改编成动画，就能在漫画已有的读者基础上再吸引来更多的观众，这样就有效保证了动画的收益，与此同时也带动了漫画刊物和延伸产品的销售，真是一环套一环，环环相扣，将利益最大化。例如，日本的畅销漫画《机器猫》（如图 4-2 所示），其漫画本身就十分受欢迎，改编成电视系列小短片后，更是风靡世界，甚至还被拍成了电影。

图 4-2　《机器猫》

一般来说，商业动画的制作讲求周期，生产往往规模化、工业化，各部门之间的工作分工十分明确。这样能够有效保证动画产品的质量与数量，工作效率能够大大提高。于是在动画生产上就出现了非常专业的分工，如分镜脚本的绘制、原画设计、动画绘制、动作检查、描线上色等。

（二）实验动画

实验动画和商业动画所追求的及制作的方式都恰恰相反，它往往强调的是动画片中的艺术性。所谓的非主流动画，也可以说就是实验动画。在实验动画里还能再细分出两种类型，一种是形式上的“实验”，例如使用特别的材料和表现技法来制作的动画；另一种是内涵上的“实验”，就是形式以外的内容或主题思想上的实验。当然，实验动画里也包含了形式极为前卫的“抽象”动画。

在 19 世纪 50 年代以前，实验动画主要在欧洲发展，而到了 19 世纪 50 年代以后，实验动画在欧美及亚洲各国都有了新发展。

那些抽象动画往往使用一些不断变化的光影、符号、线条和形状来表现，例如麦克拉伦的作品《水平线》，到了 20 世纪 60 年代后，非主流的实验动画在形式和内涵上有了不同的发展方向。它们不再以线性的图像来从事抽象动画的创作，而是以纯物质性的抽象来进行电影本质的探讨。

实验动画从形式到内容上都没有约束，这给了艺术家们很大的创作空间，很多想也想不到的物体都可以用来进行动画的创作，如毛线、黏土、糖果、硬币、铁丝、木屑，甚至是垃圾，都能成为被艺术家加以利用的材料，在内容上，艺术家们可以对万事万物进行深入性思考，独创性、巧妙性、艺术性等都是实验动画的特点，同时，它们还有一个最大的特点就是为非盈利性的动画。

对艺术家来说，实验动画是一种对艺术追求的投入、一种对自我思考的展现、一种对理想的追求。除了很多艺术家自己独立进行创作外，世界上还有很多民间或政府机构在支持着实验动画的创作。其中，最有名的莫过于加拿大国家电影局（NFB），还有欧洲一些动画工作室。尽管实验动画本身的目的并非盈利，但有很多优秀的实验动画往往能为艺术家带来十分可观的商业利益和荣誉，国际上很多奖项都对实验动画短片青眼有加。近几年来，连奥斯卡、戛纳电影节这样的大奖都开始关注实验动画。可见，实验动画在如此商业化的社会并没有被人们遗忘，它依然用自己的艺术价值在向人们展示着、宣告着自己独特的存在。

二、按表现主题分类

如果我们将动画短片按照动画的表现主题分类，我们可以将动画分成情感型、幽默型和哲理探索型。

（一）情感型动画短片

情感型的动画短片很好理解，就是它通过叙事或抒情的方式，运用动画短片中的人物语言、动作和细腻的心理活动来表达一种感情，这样的动画短片十分常见，例如奥斯卡获奖短片《父与女》，全片没有一句对话。整部动画画面非常朴素，就像是简单的线描和淡彩，但是影片运用非常细腻的动作刻画和细节表现，完美的音乐配合及多处的暗喻营造出了一种极其感人的深刻情感和对人生的感悟。

例如，影片中的自行车和车轮，就是象征了生命，车轮不停，生命不息，所以片中每个人都是在自行车上的。

影片开始时，小女孩和父亲一起骑车，有父亲在，她骑得很轻松很欢快。即使是上坡的地方，也能轻松地骑上去。后来父亲离开了她，离开了自行车，划向了大海，也就是说，小女孩的父亲去世了。小女孩父亲离开的时候，导演把握和表现得非常好。当父亲第一次走向码头时，他犹豫了一下回过头去，看了一会儿，又冲回去一把抱起女儿，这种自然的人性流露和对女儿的不舍让人为之深深感动。然后当他第二次走向船，音乐慢了下来，他坐上小船，驶向了大海，越来越远。小女孩呆呆地望着父亲远去的身影，越来越小，逐渐消失。她默默地等待，等着父亲回来，但是过去很久，父亲依然没有归来，她终于选择独自离开。

此后，她常常要去码头边张望，对于父亲的想念贯穿了她的一生。

之后女孩长成了少女，再到青年，直到恋爱了，她坐在男朋友的车上，路过码头，车没有停下来，但是她还是将头转向大海，深深地望了一眼。有了男朋友的依靠，她还是会格外思念自己的父亲，尤其是夜深的时候（或许这里黑色的夜晚也可看作她人生中的黑暗时期），她还是忍不住要一个人站在堤岸上望向大海。

女孩变成了女人，有了孩子，她便携全家一起，来到堤岸。向大海深处深深眺望，直到有一天，她老了，海水也干涸了，她又一次来到堤岸，将站不稳的自行车反复扶起来，当自行车再次倒下时，她没有再将它扶起，就好像挣扎了一番却安然接受自己垂垂老矣的状态一样，她走向已干涸的大海深处，她发现了带着父亲离开的那条船，她轻轻地抚摩着船身，在船里躺下，好像是躺在父亲的怀里睡着了一样，似乎过了很久，她突然醒来，看见了父亲，站在前方，她站了起来，开心地跑过去，越来越年轻，直至变成了一个女孩子，她的父亲向她张开双臂，她与父亲紧紧地拥抱在一起。

全片在一种简单的背景和写意的画风中传递给观众一种感人又美好的意境，细腻又深沉的情感贯穿了始终，让人久久回味。

（二）幽默型动画短片

幽默型动画短片往往是通过动画短片中人物的夸张行为、幽默语言或是人物经历的有趣情节来产生一种让人捧腹的效果。这种类型的动画往往都是商业动画。美国早期动画也往往都是这种类型。例如华纳公司的《兔八哥》《达菲鸭》系列（如图 4-3）。

图 4–3　华纳公司的幽默短片系列

当然除了华纳公司系列影片，美国米高梅的《猫和老鼠》系列、迪士尼的“米老鼠和唐老鸭”系列、日本的《蜡笔小新》系列都是幽默型动画短片的代表。

这类短片的特点就是情节内容简单浅显，不需要进行太多深刻内涵的思考，只是通过简单的生活中的小事或是卡通形象无所不能的夸张变形，来博取观众轻松一笑。

（三）哲理探索型动画短片

哲理探索型动画往往没有那么轻松，它的画面和情节可能非常单一，但在单一的表象下往往隐藏了很多深层次的哲理，或是关于人性，或是关于事理，让人看完后久久回味。我们以奥斯卡最佳动画短片《平衡》为例来说明。

影片由克里斯托弗·劳恩施泰因（Christoph Lauenstein）和沃尔夫冈·劳恩施泰因（Wolfgang Lauenstein）兄弟导演。这部没有一句台词的动画片选择了一个简单的物理现象作为切入点——生活在同一天平上的五个人，自己的行动必须考虑到其余四个人，否则就会因天平不平衡而掉落平台。但有一天，一个箱子出现，箱子带来了生气，但也带来争执。他们为了争夺一箱珍宝而不顾平衡，最终全军覆没。影片以德国人特有的思辨，深刻表达了一个极其哲学的主题，也蕴含了德国人特有的思想方式，对团体、对稳定、对平衡的重视，对平静生活的追求，对诱惑的抗拒。平板就是一个世界，当诱惑降临，当人心中的平衡被打破，世界就会混乱，最后留下的只有孤独、寂寞、失败及崩溃，片中的人物也很像我们想象中的日耳曼民族，厚重的大衣、简单的五官、修长的身体和深陷的眼睛，整个故事，只有平板晃动的咯吱声、走路的声音，以及箱子中发出的充满杂音的细微音乐。而在这个无声的世界，却因为这一点点的声音而混乱。这种单调的机械化社会，最容易禁不住诱惑的侵蚀，容易崩溃及被侵蚀的恰恰是最空虚的心灵，纯粹的理想世界是不存在的，纯粹的白，是最容易被玷污的。

作为哲理探索性的动画，影片简单易懂，没有丰富绚丽的画面却饱含深思，这就是哲理探索类动画短片的魅力之所在。

三、按表现形式分类

我们知道，动画一词的英文“Animation”的定义就是：让本来没有生命的东西，按作者的意图动起来，从而变得有生命和个性。动画的关键就是“赋予灵魂”。那么只要赋予没有生命的东西以灵魂，则不管用什么样的表现形式，我们都可以称为动画，当然这种动态一定是有个性的，有人说：“我骑上电动车，发动引擎，一个没有生命的东西就开始运动了，这难道也算是动画？”注意，这里的机车运动是一种依靠动力运动的机车，显然是毫无灵魂与个性可言的，所以它不算动画的范畴，但是如果你通过某种方式，让机车看上去有了人的特点，如饱含情绪的动态、跳跃或扭捏地前进，那么这就属于动画的范畴了。

通过艺术家们对动画多年的研究与探索，动画的表现形式也越来越丰富。那种早期在赛璐珞上作画甚至是在纸上作画的单一方式已经得到了广泛的扩展。现代的人们既可以在纸上作画来制作动画片，也可以用各式各样的材料制作人偶，再通过逐格拍摄来制作定格动画，还可以通过电脑绘制来直接生成动画。所以，我们在这里按照常见的表现形式将动画分成二维手绘动画、定格动画和电脑动画。

（一）二维手绘动画

二维手绘动画是传统制作动画的方式。在现代电脑技术发达的今天，这种传统动画的制作方法已渐渐被历史所淘汰。但是这种手绘的方式就好像是绘画作品，有浓重的个人风格，由于重视作画者本身的自由绘画风格。往往都是直接拍摄或扫描进电脑中再进行后期处理。但是纸动画的缺点就是十分耗费劳动力和时间，所以比较适合进行短片的创作。当然，也有一些坚持使用传统手绘方法来制作长片的艺术家，如日本吉卜力动画工作室的宫崎骏先生。他在动画《悬崖上的金鱼姬》可以说是现代传统手绘片的典范，所有的背景全部是手工水彩画绘制（如图 4-4 所示），影片一共画了约 17 万张纯手工绘图。

图 4-4 《悬崖上的金鱼姬》手工绘制背景

这种创作方式早在几十年前就被人抛弃，更何况这是一部影院式动画长片，其中的工作量可想而知。但正是这种返璞归真的绘制方法，让那些看惯了电脑豪华背景的我们感到浓浓的暖意，勾起我们对自然童真的美好怀念。

（二）定格动画

通常人们认为定格动画就是黏土动画或木偶动画，而国外的定格动画也主要是指黏土动画，其实不管是木偶还是黏土动画，只要是通过逐帧拍摄的原理制作出的动画都应该称为定格动画。所以从狭义上说，定格动画就是逐帧拍摄，使用模型或现成物品制作而成的动画。不过广义上可以将定格动画的外延扩展至二维手绘和三维动画之外的动画形式，更涵盖了非主流动画的一切试验动画的创作，因为它不拘泥于材料的限制，甚至那些综合了二维和三维的传统动画形式都属于定格动画的范畴。

不过，我们一般所指的定格动画基本还是由那些使用木偶、黏土或其他混合材料制成的角色来表演的。这种动画形式在动画史上和手绘动画一样拥有悠久的历史，甚至比手绘动画更加古老。手绘动画和模型动画主要差别还是体现在制作流程上。

定格动画对应的英文词语是“Stop Motion Animation”，它是指影片中的每一个画面都需要动画师先行定位。其实际的拍摄方法就是：首先由动画师摆好所有场景和角色，然后在拍摄好一个画面后，动画师将对象稍作移动，再拍下一个镜头，每次拍摄一张。剪纸等二维平面类定格动画可以借助软件，在电脑上进行运动和处理景别的变化，也可切入摄像机的推拉摇移的镜头运动，从而使其产生真实拍摄的效果；在通过剪辑后连续播放，即可形成连贯流畅的画面。

电脑动画就是计算机动画，我们可以利用计算机辅助设计软件来对二维动画进行上色、合成等操作，还能够用三维软件进行三维动画模型、贴图、灯光、动作等绘制，电脑动画可以将传统动画和电脑辅助设计技术完美结合，它可以降低制作成本，提高生产效率，制作出许多带有视觉冲击力的优质画面。因此，电脑动画渐渐成为现代动画的主流类型。

一般而言，电脑动画又分成二维动画和三维动画，二维动画往往是对传统手绘的改进，例如在电脑上进行上色合成处理，或是在电脑上输入和编辑关键帧，让电脑自动计算生成中间帧，定义和实现动作及路径，实现声音与画面的同步和制作特殊效果等。

目前二维动画比较好的制作软件有Animo、Flash、Softimage、Toonz等。不过，如今的二维与三维动画之间界限已不再明显，很多二维的动画中也有三维效果，如在动画长片《哈尔的移动城堡》中，可以移动的城堡就是使用三维技术制作而成。

三维动画是随着计算机技术发展而产生的新型动画类型。人们运用三维动画软件在电脑中建立一个虚拟的三维世界，设计师在虚拟的三维世界中按照要表现对象的形状尺寸建立模型和场景，再根据要求设立模型运动的轨迹，虚拟摄影机的运动、角度以及其他一切参数，并按照设计要求给模型附上材质，最后打上灯光，完成后由计算机进行演算和渲染，生成想要的画面，三维动画常用的软件有3DMAX、MAYA等。

20世纪80年代，电脑动画技术进入实用阶段。《老鼠神探》中利用电脑制作了整个钟楼的场景，《美女与野兽》《狮子王》等后来的迪士尼影片，都是用电脑制作完成。此时日本的电脑技术也开始普及，而动画片《玩具总动员》则是动画史上里程碑式的一部长片，它是第一部采用全数字技术制作完成的3D动画长片，由皮克斯公司制作完成，皮克斯公司专注于3D动画的制作，早在20世纪80年代就开始不断进行短片创作，发展至今，它们已推出19部3D短片。

一部成功的动画短片，无论是按照艺术性质分类，还是按照表现主题分类，抑或按照表现形式分类，都是为了深刻地表现和突出它独特的艺术观赏价值。动画艺术家通过二维手绘，定格或电脑的方式，将它们呈现在观众的面前。

一部优秀的动画短片，不仅需要丰富的主题情绪的表达——或洋溢着细腻的情感，或充满着淘气的幽默，或渗透着不凡的智慧，还需要有能够产生巨大经济价值的商业元素。每一个动画作品，都是所有参与制作的艺术工作者们智慧和汗水的结晶。

第二节　不同类型的动画短片创作

我们知道，不管是什么类型的动画片，它的创作过程中的总体流程和必要的元素大体相同。但是不同类型的动画片，在创作上又各有特点。

一、二维手绘动画短片创作

二维手绘动画作为动画中历史最悠久的动画表现形式，它的制作技术经历了各种改革和改进，目前已经达到成熟的阶段，其实早在迪士尼公司进行“米老鼠”系列创作时，动画片的制作技术已经和现在的很接近，也就是说，其制作方法已基本定型。从另一个角度来看，二维手绘动画的发展几乎进入了停滞阶段，虽然与电脑结合的制作方式已经非常成熟完善，但它的制作依然需要大量的劳动力，其制作效率依然没有质的飞跃，不过，目前仍然没有那种既能表现出手绘风格，又不需要大量劳动的创作方法，因此，目前的二维手绘制作方法可能还会长时间存在下去。

一般的二维手绘的材料和表现形式多种多样，其中材料有水彩、水粉、水墨、彩铅、油画、钢笔、蜡笔、粉笔等，可以用晕染、平涂、擦拭手法等表现形式制造出不同的画面效果。

（一）手绘动画的专业技术及术语

迪士尼公司最先发明了“层”这一概念。层在手绘动画中，无论是在提高工作效率还是表现艺术效果上，都有很大的作用。层的概念很简单，就是在每一层上绘制出一个镜头的部分元素，如背景层、人物层等，早先的赛璐珞片因为是透明的，所以在没有绘制图案的该层其他部分就是透明的。现代电脑技术发达，人们往往在纸上绘制好后，上电脑描线，电脑软件中都自带分层，如 PS、AI 等绘图软件。

有了层，就可以将不同的东西叠加起来，组成一个完整的画面，把静止与运动的物体分层处理后，就明显减轻了工作量，不需要将每一个画面都重复绘制了。例如，一个人路过一个报亭，报亭是静止的，我们将它绘制在一个层中，人是运动的，用另一层表示，这样就不会将静止的报亭不断重复进行绘制了。同时，层能实现不同的画面效果，如灵活表现物体的远近等。

1. 设计稿

设计稿是分镜脚本设计完成后，原画之前的一套工序。设计稿是根据分镜脚本中的人物动作，表情和环境等镜头进一步完善，为原画、动画、背景等制作提供的一个较为详细的设计图。

因此，设计稿中要包含很多信息，如规格框、镜头号、秒数、背景号、行为动作、秒数、活动范围、分层及其他需要交代给下面工作的要素。原画和背景设计只有在得到了设计稿后才能够对接下来的工作进行精准设计，保证运动及比例的匹配。

2. 原画与中间画

原画是指在一套运动轨迹中，起到影响和规定运动轨迹的关键动作。例如起始和转折处的那个瞬间，由这些关键瞬间构成的画面叫关键帧或原画。原画是动画创作中最重要的部分，直接关系到影片的质量和审美功能，所以它又被称为“关键原画”。原画设计是一项融技术与艺术为一体的工作，因为它的作用是控制动作的轨迹特征和动作幅度，对动画人物动作的把握及物理学的研究及原画设计来说都非常重要，因此这个环节的难度相对比较高。

原画设计一般分为以下步骤：a. 观察分镜脚本的指示与时间长度；b. 把画面中活动主体的动作起点和终点画面以线条稿的形式画在纸上，前后动作的关系先后、阴影、分色层次此时也以彩色铅笔绘制。

3. 摄影表

动画摄影表如下表 4-1 所示，摄影表纵向代表帧，横向代表层，图中 A、B、C、D、E 分别代表一层，一般认为 A 层代表最下面一层，摄影表明确了每一张动画需要拍几格，每一层的关系及其他信息是各项工作的重要依据。

动态	对白		BG	A	B	C	D	E	拍摄要求
		60.							
		61.							
		62.							
		63.							
		64.							
		65.							
		66.							

表 4-1　动画摄影表

（二）动画创作前期准备

在动画开始进行创作前，首先要进行前期准备。

1. 构思和策划

在确定了主题和动画片的类型后，就要决定动画的风格和类型，如果是进行商业动画的创作还需要进行充分的市场调研。这样，可以帮助确立角色的性格特征。通过构思或调研，我们要基本确立动画的总体框架、类型目的等，有了明确的思想指导才能做到有的放矢，高效地进行制作。

2. 文字剧本创作

剧本是整部动画的基础，它表现整部动画的基本概念和内容，当然也有些非常短的短片，例如小广告或其他小动画，可以直接进行分镜脚本的创作而忽略文字剧本的创作过程。

3. 动画分镜脚本

分镜脚本说白了就是图像化的剧本，分镜师深入研究文字剧本后，把握文字剧本的精神和内涵。对画面的构图、镜头的衔接、场景的变化、场面的调度、运动时间的把握等方面做出具象的图示，表现出创作者对于各个段落镜头间的衔接，帮助中后期了解拍摄镜头的景别、角度，分镜头涵盖了导演的创作意图和具体要求，可以说是整部动画的总体骨架。

4. 美术设计

手绘动画的美术设计是确定动画视觉风格的根本，包括角色设定、场景设定、道具设定。美术设计需要对动画中所展示的故事在地理、时代、背景方面都进行实际的考察，从而传达出符合故事背景的风格与风情，给观众一种视觉上的认同。

角色设定需要设计出性格饱满有感染力的角色，这往往是美术设定的首要工作，占主导地位，将决定一部影片的艺术风格。角色设定不仅包括人物，还包括动物、花草、精灵、神怪等，角色设定需要绘制出人物的分解、转面、服饰、比例关系图等。

同时场景设计也非常重要，场景设计可以交代故事发生的地理背景、年代背景，并为故事的发展营造一种氛围。场景设计师需要有良好的绘画功底，从剧本和动画的整体风格出发。

（三）动画的制作流程

进行完前期的准备工作后，开始进入制作阶段。根据分镜脚本，进行设计稿的创作，设计稿必须提供给后面原画和背景设计足够的绘制信息，也就是说在严格工序的设计稿绘制中，应当把设计稿分成两层：动画层和背景层。把背景层给绘制背景的工作人员，把动画层给原画师。这样的分工如果是个人进行自由创作时就无须这么麻烦，可以把设计稿画在同一层上，但是一定要明确的是镜头的运动方式及层的安排和运动。

镜头的运动方式可以在设计稿上标出来，如果是比较复杂的镜头运动就要用文字注明，如果一个镜头中包含很多层，那就应当明确每层的位置和运动方式，绘制好设计稿后就要进行原画的绘制。原画是动画的重要步骤，演员的造型和动作都在这一步骤中产生。要绘制好原画一定要有扎实的美术基础，并具有丰富的生活经验。对原画师来说，仔细观察生活是他们的必修课。在真正进行原画绘制时还要熟悉角色的造型和人物的性格，这对于人物动作神情的表现是一个基础。在原画绘制完后，动画师要根据原画进行加动画的操作，不过在此之前，需要由原画师填写一张摄影表，摄影表中会明确加动画的速度，位置和时间安排，在加动画时，原画师还会提供速度标记。动画绘制好后，就可以扫描到电脑中进行上色。通常我们可以使用 Adobe Photoshop 或 Premiere 进行着色。

二、定格动画短片创作

定格动画属于电影的范畴，由于定格动画类型丰富，所以它具有有别于传统动画的个性特征，这种特征很大程度上表现在它运用的不同材料所表现出的不同特色，像偶动画这种真实的三维空间，光线是手绘动画和三维动画都很难实现的。因此，虽然制作定格动画是一件非常耗时耗力的事情，但人们依然为了让画面显示出真实的亲切感而乐此不疲。那么如何进行定格动画的创作呢，本小节将为大家做详细的介绍。

（一）前期准备

和其他类型的动画一样，定格动画也需要进行剧本创作、分镜头脚本的绘制，当然除此之外它还有个特色，就是进行材料应用的选择。因为定格动画可以选用的材料实在是很多，创作者要根据自己的创作目的和所要表现的效果或是个人爱好来选择材料，例如黏土、剪纸甚至是真人。

所有的前期准备工作确定下来之后，还要进行前期录音，录音的工作可以是前期完成也可以是后期完成，但随着技术的进步，人们渐渐倾向于在前期进行录音。采取前期录音的原因有：一是可以帮助计算影片镜头长度，动画片中镜头时间长度是用画格的数目来计算的，因此必须有一个可靠的镜头时间计算标准；二是为了确保节目角色口型与对白声音的节奏保持一致，前期的录音包括了人声（对白、旁白、内心独白等）、音乐、音效三个部分。

（二）角色制作

在所有不同材质的角色制作中，偶动画和黏土动画的角色制作是最困难的。平面类动画，例如剪纸、沙动画、底片直绘动画只要在平面上设计好，制作起来还是较为简单的，但是动画需要和真人一样有真实感。专业人员要为角色制作骨架，设计服装、道具和场景等，制作起来相当烦琐。我们熟悉的黏土、橡胶、硅胶、软陶以及石膏、树脂黏土都是应用于定格动画的良好材料。而铝线、丙烯、模型漆等工具也是制作角色过程中非常重要的辅助材料。

在进行角色制作时，首先要绘制出角色形象的设计图，再根据设计图绘制骨架图，骨架的连接处即关节，是控制角色动作的最重要部位。

除了一些体积很小或一些橡皮泥角色之外，所有的角色都要进行骨架支撑。根据长期的实践经验，目前常用的骨架关节有球状关节骨架、金属线骨架以及这两种混合的骨架。球状骨架是最能够模拟运动的连接方式，但是价格也很贵，只有专业的公司才会使用，金属线骨架一般是用柔韧性很好又不易氧化的铝线。因为金属线没有弹性，可以用来做人偶的关节，通常我们把金属线拧成双股来制作。

骨架搭建完成后，就可以用黏土、橡皮泥等可塑性材质包裹骨架。根据事先设计好的造型做出人物的头、身体、四肢，然后用刻刀雕刻出人的五官等细节。在拍摄动画时，人物因为有骨架，可以自由地运动。但是人物的表情却不能随意改变，这样一来，为了使角色有丰富的表情，工作人员会制作出多个带有不同表情的人头。在动画拍摄时，就可以根据不同剧情来更换人偶的头部。人物的身体如果有必要更换服装等道具的话，还需要制作出多个穿着不同服装的人物身体。

（三）场景设计

场景设计在定格动画中的作用也非常重要，偶动画的场景设计有五个基本元素，它们分别是风格、空间、光影、色彩、质感。

定格动画的场景造型风格可以分成两种类型：一是绘画表现的装饰风格，二是模拟真实世界的写实主义风格。装饰风格的场景设计强调的是视觉感官上的愉悦和构图色彩的装饰美感。而现实主义风格的场景设计则更强调场景与实物的相似度，力求在视觉上达到一种逼真的效果。

装饰风格的场景往往着重表现一种丰富的想象力和抽象艺术的美感，给人以强烈的视觉冲击。

写实主义风格的场景设计着重是对现实场景巅峰模拟重建。场景中会包含大量的生活细节和真实元素，这些视觉表达让观众觉得如同真实生活一般。不过制作这种场景的花费会很高，不适合成本较低的短片制作。

定格动画中每一个角色一定要有一个可供活动的空间。如果是低成本的个人创作，对这个空间的要求并不高，可以是作者的卧室、写字桌。但如果是要求严格的大片，往往需要专门搭建场景，这个场景就像一个成比例缩小的沙盘，根据电影的需要来制作或粗糙或华丽或抽象的场面。

除了空间上的要求，场景设计中的灯光布局也非常重要，由于动画本身的特殊性，成功的灯光布局可以表示时间的变化，营造不同的气氛。除了会闪烁的荧光灯，几乎任何稳定的光源都可以使用，灯光设计主要由主光源、辅助光源和效果光源三大光源组成，主光源的作用是照亮场景或角色，辅助光的作用是调整摄影对象的光比平衡，突出材料肌理和质感，而效果光则具有调整影像的构图和营造场面气氛的作用。

灯光又可分成面光、侧光、顶光、正面 45° 的光、逆光和脚光。在场景设计中，色彩设计也是重要的组成部分，色彩往往能传达出角色的性格、情绪及整个影片的基调。例如表现一种欢快的戏剧基调，那么场景的整体颜色应该是以明亮鲜艳的暖色调为主，若整体基调比较阴森恐怖，那么场景的颜色应当较为灰暗。

此外，由于偶动画都是运用真实的材料，场景制作中的质感表现也非常重要，金属、布料、石膏等都可以达到真实场景的质感效果。

在设计完场景后要进入制作阶段，一般的偶动画场景制作分为室内和室外两部分。场景设计需要画出设计稿，像建筑图一样标注详细的比例和材料。如果要求品质高或者造价宽裕，在制作大比例模型前还要先出小样，布上光线，拍摄样片，在制作人认可后才进行正式制作。当然对于小成本的短片这个步骤是可以省略的。在制作过程中，还要时刻考虑镜头的运动、景别、角度、偶型的固定方式（螺栓、磁铁、吊绳、支架都是常用方式）等问题。

树木：根据不同的树干树枝的造型，可以收集一些干枯的灌木和树枝作为道具。树叶可以用色卡纸或撕碎的海绵球来塑造，树干也可以用废旧电线里的铜丝做骨架。按照创作者的想法来塑造不同形状。

室内道具室内的家具及其他道具可以用儿童玩具中所搭配的生活用品来替代，但有些比例不符合，所以用自己制作的道具更为合适，制作道具的材料有很多，必须有泥塑性且易上色，这种材料制作的道具保存时间较短；也可用彩陶烤制，这种材料的保存时间较长。

（四）拍摄

由于定格偶动画中的人偶都比较小，要拍摄出高品质的定格动画，还需要较为专业的软件配合。

电影由真人表演而定格动画的角色动作，表情都要靠设计，动画角色的速度和重心的变化体现出动作的复杂性及其带来的不同视觉感受。比如搬动同样的物体，由于动作的反应和重心偏移的方式不同，再加上搬动和步履的速度变化，基本上可以将角色动作表现得非常逼真。角色走路跑步是常用的动作，快步走需要循环 8 格画面就可以满足运动的变化，而跑步只需 6 格画面循环动作即可。由于奔跑过程有腾空动作，如果要用长镜头拍摄，可以在后背加支撑骨架。对于动作的肢体语言表现，我们可以从二维动画中找到相关运动规律。

除了对肢体传达的语言刻画之外，我们还需要对人物角色的表情进行细致刻画。定格动画的拍摄通常会为一个人物制作多套脸部表情，不停地更换以达到表情转换的效果。

三、新媒体动画创作

（一）基于互联网背景下新媒体动画的形式创新

1. 混合媒体与动画革命

（1）毕加索与拼贴绘画

“拼贴”这个词来源于法文 coller，意为胶粘。拼贴艺术是众多艺术形式中的一种，它将包括剪报、彩带、色块或手工制作的纸张、艺术作品的实物片段、照片及其他材质，在一张纸上或帆布上粘贴创作出艺术作品。现代艺术的奠基人之一、立体主义大师毕加索（Picasso）把一张小纸片贴在一幅素描的中心，成为第一幅有意识的“贴纸”或称“拼贴”。这种拼贴的艺术语言，可谓立体主义的主要标志。正如毕加索所言：“即使从美学角度来说，人们也可以偏爱立体主义。但纸粘贴才是我们发现的真正核心。”据说立体派拼贴的灵感来自毕加索和布拉克（Braque）看到巴黎街头贴满层层海报的墙面。最初，毕加索将有真实质感的物件粘贴在画布上，企图打破二维平面的绘画传统，制造空间虚实的视觉效果。没想到后来延伸发展出新的绘画创作材料、技巧和理念。

事实上，毕加索很擅长将拼贴艺术运用到各种事件上，大到全球战争和灾难，小到令人感动的社会杂闻，尽在毕加索的表现之中，使得这些艺术品充满了自嘲，在玩弄赏画人的捉迷藏游戏中将“高超”的技巧和“低俗”的主题联系起来。由此也就模糊了艺术中真实与幻象的区别，高雅艺术和普通用品之间的界限，专业画家和业余画家、艺术家和工匠的界限。

毕加索的拼贴艺术实践让众多艺术家为之倾倒。受到毕加索在绘画中运用粘贴物的启发，不论是东方还是西方都不乏艺术家在各个艺术领域的拼贴佳作。彩色剪纸拼贴这种要求极度单纯的方法磨炼了马蒂斯（Matisse）

的装饰才能。他显然也是拼贴艺术手法的实践者之一。

（2）拼贴艺术的后现代特征

拼贴自从诞生以来，经过众多艺术家的创作与完善已经形成了一种风格，而这种风格早已经从绘画延伸到雕塑、建筑、电影、动画、电视、文学、戏剧、音乐、城市规划、思想和观念等诸多领域，它的核心是不同内容、材质、想法的并置、拼合与连接。拼贴是一个从方法论角度看待后现代主义而产生的名词。戏仿、拼贴和黑色幽默是后现代主义的主要创作手法。单纯从拼贴这个词来讲，它指的是在文本的创作阶段作者所使用的一种技巧，这种技巧的特征在于从整体上审视它是全新的，但组成它的每个部分却是原有的，作者便是将这些原有的不同部分尽量巧妙地整合在一个段落、篇章或整个文本当中，使其呈现出与原有面貌大不相同的特质。较为精明的做法在于风格的拼贴，如将表现主义、象征主义和魔幻现实主义完美融合的巨著《百年孤独》便是这样一个文本。拼贴艺术的流行，正是象征了我们这个解构与结构相互并存、相互钳制的社会。

法国语言学、符号学家、哲学家费尔迪南·索绪尔（Ferdinand De Saussure）认为，世界是由各种关系而不是事物构成的，在任何既定情境里，一种因素的本质就其本身而言是没有意义的，它的意义事实上是由它和既定情境中的其他因素之间的关系决定的。对动画、运动影像或电影来说，拼贴可以在时间或空间两个维度展开。著名电影导演、电影艺术理论家谢尔盖·爱森斯坦（Sergei Eisenstein）和电影导演普多夫金正是通过对电影镜头的“混搭”分析，挖掘出了电影艺术的蒙太奇（Montage）理论。爱森斯坦不仅仅把蒙太奇看作一种拼贴，而且看作一个富有动力的新的概念。所以，他认为蒙太奇不论在镜头内或各个镜头之间，都必须和冲突结合起来。由此，拼贴艺术由基于静态画面的图像拼贴转化成了动态媒体的时间剪辑。爱森斯坦导演的《战舰波将金号》是电影史上划时代的巨献。其中，“敖得萨阶梯”被认为是蒙太奇运用的经典范例，该段镜头通过两组对立镜头（逃亡的人群和射击的士兵）之间的反复拼贴，刺激和强化了观众的心理感受，其中满面血迹的母亲目睹婴儿车滚下石阶的一段尤为经典。

当代艺术在新的文化境遇下，依据解构主义哲学、符号学等后现代主义哲学思潮，显示出全新的创作倾向。在思想价值的取向上，表现为对 19 世纪以来整个现代性叙事即宏大叙事和英雄主义创作模式的反思；在画面图像的处理上，摒弃了传统经典从写生获取图像的方法，针对影像进行二度创作，或者转用来自现代传媒制造的各种流行图像与符号，或者是转用卡通、电子游戏与网络艺术中的图像。后现代艺术的主要创作方法有挪用、反讽、拼贴、戏仿、符号化和异质同构等。

不同于早期资本主义大机器生产对产品或艺术品的复制，现代社会的复制则是一种无本无源的符号意象的增殖；艺术和传媒用符号来使实在消失并掩盖它的消失。因此，我们所面临的是面对媒介参与和消费意象所表征的符号社会。鲍德里亚还指出，当代的文化特点就是传媒符号的激增。其流行的结果是表征与现实关系的倒置，是现实的一切参照物都销声匿迹的复制与数字仿真时代。因此，在符号统治一切的社会中，一切存在应该是符号物的存在，真实、原件和原初都已荡然无存，虚拟是这个社会真实的存在。而数字媒体正是代表了一种新型的媒介符号，这种虚拟的符号世界以其数据化、离散化和可操控性成为后现代社会的特征。在这里，人们的生活、思维、爱情和身体都可以被编码而组成数据，变成虚拟的存在。

（3）拼贴媒体与数字波普

虽然媒体拼贴是自毕加索时代的现代艺术的普遍创作手法，是达达主义、超现实主义和激浪派艺术家们都玩过的创意手腕，但真正将其发扬光大并提升到理论高度的还是始自 20 世纪 50 年代的波普艺术运动。20 世纪 50 年代以后，伴随着当时的新媒体——彩色电视、收音机、留声机和各种时尚杂志的繁荣，媒体艺术成为美国城市通俗文化的标志特征之一。媒体的兴旺也促进了现代艺术的转向。

美国波普艺术家罗伯特·劳申伯格（Robert Rauschenberg）是组合绘画

和拼贴艺术的鼻祖之一。在20世纪50年代抽象主义的兴盛期，劳申伯格将达达艺术的现成品与抽象主义的行动绘画结合起来，创造了著名的综合绘画。他采用生活中的寻常之物——啤酒瓶、废纸盒、旧轮胎、报纸、照片、绳子、麻袋和枕头等构成画面。同时，他的作品都留有抽象表现主义的痕迹，也就是在画布上往往保留绘画的笔触，而各拼贴元素之间的某种关系就是画家想说明的主题。劳申伯格在其创作生涯中一直保持着与周围的都市和技术社会的联系，他的这种集成式的手段极能反映出关于一个时代的丰富图像。在20世纪60年代，劳申伯格开始把大众图像拼贴成大型丝网版画，对波普艺术的发展起了很大的推动作用。

波普艺术家们采用的拼贴、丝网印刷、装置设计和批量复制等方法都与传统的绘画创作方法截然不同，工业制作与艺术创作在波普艺术的推动下融为一体。由于数字艺术的实现或传播手段和数字制作、复制和传播技术密切相关，因此，理解数字媒体所具有的可复制性和可编辑性就成为掌握该类艺术的一个基本前提。美国南加利福尼亚州大学视觉艺术系的俄裔教授、新媒体艺术理论家列夫·曼诺维奇（Lev Manovich）在其出版的《新媒体语言》一书中指出，数字软件媒体的特征就是可计算、可编程。他认为在计算机时代，电影以及其他已经成熟的文化形式已经变成了程序代码（code）。随着虚拟现实与数字化时代的来临，多媒体、超链接、虚拟性和互动性等新特征导致一种迷宫式、镜像式的碎片文化开始浮现，并由此深深影响了当代“数字波普”艺术家们的创作。例如，意大利数字艺术家亚历山德罗·巴瓦里（Alessandro Bavari）通过将影像进行拼贴合成，产生了一种介于真实与梦境之间的奇妙体验，它们很像一幅幅充满矛盾和张力的幻景。这种创作已经超越了摄影对物体“复制”的技术行为，而将人类的思想、情感、审美和反思等艺术创作的思考深深置入原本单纯的照片中，从而展示出一个奇异的虚拟世界。而这正是数字艺术的魅力所在。

艺术家劳伦斯·盖特（Laurence Gartel）也是数字波普艺术家的代表。

盖特毕业于纽约视觉艺术学院，从 20 世纪 70 年代后期就开始利用电脑进行数字拼贴艺术创作。早在 1975 年，他就尝试过利用电脑进行图像合成和数字绘画。在 20 世纪 80 年代中期，当艺术创作的硬件环境能够达到处理图像的美学标准后，他的艺术创作显示了数字艺术的特殊魅力。盖特在 20 世纪 70 年代末到 80 年代初创作的作品受到当时的电脑软硬件环境的限制，多数为黑白效果的、类似版画的合成作品。

进入 20 世纪 90 年代以后，随着创作环境的改善，盖特的作品显示了更丰富的色彩和更细腻的色调层次和肌理。他的“猫王系列”“迈阿密海滩系列”“佛罗里达印象系列”和“意大利印象系列”的数字艺术拼贴被作为数字图像合成的经典。他也是位于佛罗里达州的美国新艺术博物馆（MONA）的奠基人和艺术指导。其作品被包括美国 MONA 在内的 16 家欧美艺术博物馆收藏。

（4）早期媒体混搭动画

除了绘画和摄影外，拼贴艺术在实验动画领域表现得更为明显。这里既包括基于画面的图像拼贴，也有基于动态媒体的时间剪辑。由于动画艺术本身的高度假定性、抽象性和符号性的特征，其在表现图像拼贴、音乐和影像合成上有着独特的优势。世界上最早的拼贴动画是由波兰的著名实验动画大师波洛齐克（Borowczyk）和尚·连尼卡（Jan Lenica）联合制作的短片《从前》。《从前》也是著名的波兰抽象动画学派的开山之作，“一部难以用语言描述的荒诞动画杰作”和“知识分子们富于机智的形式主义玩笑”。

波兰动画的发展已有 60 年的历史，在世界各国的实验动画电影中，波兰动画的艺术表现是鲜明而独特的。艺术家们通过动画这种艺术形式探讨着人性内在的绝望及对自然力量无法掌控的无力感。对他们来说，动画与其说是用来叙述故事的，不如说是美术形式的又一种表现。在吸收了各种因素——包括欧洲现代艺术、先锋派电影、欧洲传统木偶艺术以及本国文化艺术遗产之后，波兰的动画家们制造了一系列富有想象力和讽刺意味的黑色幽默实验动画电影，从而在世界动画舞台上奠定了自己独特的地位。

波洛齐克和尚·连尼卡的这部拼贴实验动画不但在视觉风格上强调图案设计，而且其运用的动画制作技术也是革命性的：把从彩纸上剪出来的几何图形，从旧杂志和海报上挖下来的人物轮廓及实景拍摄的影像三者任意拼贴组合，表面上看像一场充满孩子气的剪纸游戏，但成熟的创作理念却令人惊讶，充满了创新性。尽管片中所隐含的波兰与苏联时政关系的寓意并不是很容易理解，但是其美术风格的独创性仍然启发了后来一大批实验动画家对于实验动画材料的探索，如波兰的丹尼尔·苏兹查（Daniel Szczechura）、南斯拉夫的杜桑·维克托克（Dusan Vukotic）、美国的特瑞·吉列姆（Terry Gillia）和拉瑞·乔丹（Larry Jordan）等人。这两部拼贴实验动画也让他们获得了威尼斯电影节实验短片单元银狮奖和德国曼海姆短片节金奖。

尚·连尼卡的动画风格有如卡夫卡笔下诡异的迷宫或是充满奇想的剪纸世界，他的动画片充满黑色调，奇幻而迷乱，让人感觉是做噩梦时的场景。在他拍摄的《迷宫》中，尚·连尼卡将拼贴、定格动画和真人表演相结合，描述了萦绕在破败建筑中的思念、等待与绝望，还有关于过去和未来的想象。在迷宫般诡异的城市中，怪兽横行，人被奇怪的动物控制着。

20 世纪 60 年代，大众文化开始大量渗入艺术中，从而形成了新的表现形式。波普艺术家们认为，新的艺术应该反映当时的社会，而不再是拘泥于传统的绘画题材和手段，或对流行文化深恶痛绝。他们努力地把这些大众文化上升到美的范畴中去，冷静、客观地观察着身边的这个世界，并把所看到的实实在在的和人们密切相关的流行文化，如杂志和海报中的照片或图片剪切下来的，作为创作元素和符号直接运用到作品中，而通过拼贴这种独特手法的处理，令画面更充满了幽默、玩世不恭、嘲讽的味道，并有强烈的视觉效果。汉密尔顿宣称波普应该是大众化、转瞬即逝、廉价、批量生产、年轻化、俏皮、性感等，而拼贴手法所用到的元素通常是那些再现瞬间情景的照片，以及代表短期行为的广告图片等。这些来自不同语境的元素和符号被看似漫不经心地、随意地组合起来，形成了新奇的效果。在这个时期，有一些新的艺术家制作的拼贴动画开始摆脱早期实验动画的晦涩难懂的风格特点，呈现出波普艺术所赋予拼贴的快乐、随意、自由的特点。经典的作品包括特瑞·吉列姆（Terry Gillia）的 StoryTime，哈里·史密斯（Harry Simth）的《镜中动画 10 号》，以及美国艺术家弗兰克·穆里斯（Frank Mouris）创作并荣获奥斯卡最佳动画短片奖和安妮国际动画节最佳动画片奖的《弗兰克电影》等。特瑞·吉列姆的拼贴动画 Story Time 是一部充满幽默、滑稽和诙谐风格的喜剧，该片采取了拼贴动画的方法，描绘了截断的手脚肢体在一起吃饭、交谈、跳舞等荒诞场面。该片颜色丰富，音乐节奏鲜明，整体风格带有明显的波普艺术特点。

（5）新媒体拼贴混搭动画

由于拼贴使媒体（如图片）脱离了原有的语境，所以当它们在新语境中呈现时，本身就成为一种跨越时空的艺术形式。这成为新媒体艺术家最为着迷的创意方法之一。获得法国昂西国际动画电影节最佳长篇动画奖的电影《蓝调之歌》就是一个集拼贴、剪纸、手绘、定格摆拍的大杂烩。《蓝调之歌》由两个故事穿插构成，讲的是一个美国小女人的故事，她深爱的丈夫去印度工作，夫妇感情破裂，最终女人孤独终老。影片的巧妙之处就在于把这个烂俗的现代爱情戏依附在古老的印度史诗《罗摩衍那》之上，用一种旁观者的口吻，剥开了古书上笼罩的神圣外套，用今人的观点调侃了古人的爱情立场，给观众一个更容易接受，且更为轻松比对的理解方式。美国 20 世纪二三十年代红极一时的蓝调歌手安妮特韩肖的说唱贯穿全片，歌词里每一句都和画面上的情景相对照，应和了两个女性的心态，卡通形象的人与动物都成了音乐描述的主题，既巧妙又贴切，超过了普通 Flash 动画的水平。

《蓝调之歌》的动画造型风格独具匠心：影片中的主述者就是片头和

结尾处的地球线条女人，其风格简约随意。而Flash动漫造型的悉多源自20世纪30年代由弗莱舍兄弟创作的当红卡通——贝蒂娃娃，同样的大眼睛尖嗓门，就像是蓝调歌手安妮特·韩肖的卡通版；而且，贝蒂在卡通里的举止是单纯到傻气但又性感独立的女性形象。佩利把这种爱男人却不依靠男人的现代卡通女性形象的面孔嫁接到几千年前的悉多身上，可以说是寄予了某种期望。

《蓝调之歌》是佩利对一个古代的东方传说的解构和对各种文化拼盘式的理解。从传统绘本中剪下了悉多和罗摩，电影第二组人物用剪纸方式重贴在动画里。第一组和第三组的动画则完全来自卡通形象，佩利使用Flash得心应手，人物形象简约，却不生硬粗糙。流畅的动作和生动的表情让这两个悉多（剪贴和Flash动漫）尤为可爱，唱出韩肖的曲子来，惹人喜爱。在处理现代部分时，佩利又换了另一种动画手法，自由流畅的线条风格配上波普式贴画，立刻显出一种超现实主义的模仿效果。此外，几个印度古装风格的“皮影人”唇来舌往，为观众解释了知识上的疑惑和观点上的冲突。虽然故事并不是喜剧，但文化冲突总能带来幽默的效果，特别是画面中出现的讲故事的“皮影人”和美国宇航局、达·芬奇的人体插画、印度地图、传统绘本的结合，将波普风格的“恶搞”发挥到了极致，使现代观众忍俊不禁。

2. 全息影像与VJ动画

（1）激光视幻与电音的崛起

激光是一种特殊的高能物理光谱。它具有方向性好、亮度高、单色性好、相干性好等特点。激光在许多领域得到广泛应用，包括军事领域、信息技术领域（全息照相与光存储中的应用）及光通信领域。此外，激光也被广泛应用于医学、工业加工、物理、化学、生物等领域。激光的图形特征被许多艺术家所青睐，激光视觉展示和音乐、戏剧表演的结合对20世纪六七十年代的科技艺术领域做出了显著的贡献，而激光的物理特征也一直被许多艺术家用于全息摄影艺术。

20世纪60年代，从“垮掉的一代”中演化出了“嬉皮士”（Hippie）——反抗习俗和当时政治的年轻人，同时从布鲁斯音乐演化出摇滚乐。在20世纪60年代中后期，超大规模的露天音乐演出造就了嬉皮运动最辉煌的时期。朴素思想、爱、和平、摇滚、电音呼声和几十万嬉皮士共同出现在演出台前，混乱、疯狂在嬉皮士的质朴情怀下显得“高尚”起来。20世纪50年代末产生的电子音乐合成器可以直接控制音调、节奏、力度和音色并成为演唱会的新宠。20世纪60年代末，欧美的一些展览会和音乐会上开始出现了结合电子音乐和激光表演的艺术。所谓激光表演艺术，就是用激光产生一些视觉效果来活跃气氛、愉悦观众。激光虽然直线行进，但因为空气对光的散射作用，所以人们在侧面能够看到激光发出的光束。最常见的是把各种色彩的激光投射至空中，伴随音乐用振动的镜子让光束在空中舞动。一般来说，为避免造成观众眼睛的损伤，激光不会直接射向观众。为了增强艺术效果，还常常使用人造烟雾或水幕。另一种激光表演方式是把激光投射到屏幕上产生变换的图形和文字，这与激光投影类似，但是激光表演艺术更注重现场感，通常还有专门的即时创作。近年来也流行用激光笔在公共空间进行瞬间的不留物理痕迹的激光涂鸦创作。

在激光视觉多媒体表演领域，音乐家和艺术家、美国人罗威尔·克洛斯（Lowell Cross）可以被视为这个特殊领域的一个开拓者。20世纪60年代中期，克洛斯作为加拿大多伦多大学的研究生开始尝试电子乐的可视化。早期他在电视接收器上连接射频调制器，在电视上表现他和约翰·凯奇的音乐。他与大卫·都铎（David Tudor）以及加州伯克利大学激光物理学家兼雕塑家卡森·杰弗里斯（Carson Jeffries）合作创作了激光混合媒体作品Video-Laser Ⅰ、Ⅱ，并在加利福尼亚的奥克兰以及日本大阪世博会上演出。罗威尔·克洛斯借助于一束氟激光创作了有蓝、红、绿和黄色的图形激光，通过一种振动的镜子系统，使得激光振动和声音的强度变化相协调。他曾经指出，美丽、能量、神话、诗、理智、雄辩、进化、唯一、派生、善、微妙、直接、充分发挥、透彻、抽象、不可思议、复杂、多层次、容易、精密、简单、特别的个性——所有这些品质可以在最好的音乐，例如一部莫扎特歌剧中找到。激光表演的图案实质上是一种能够产生视觉幻觉的运动影像，而摇滚音乐会等现场的奇幻激光表演和震撼的音乐往往合二为一。如英国摇滚乐队平克·弗洛伊德（Pink Floyd）就最善于使用激光助兴。现在的激光表演越来越普及，多年来其基本技术并没有太大变化，所改进的往往是激光器，色彩更加丰富，而体积变得更小。

激光演示和电子合成音乐对中国人来说并不陌生。世界电子乐首席大师、著名的作曲家、被称作电子乐之父的法国音乐家让·米歇尔·雅尔（Jean Michel Jarre）是改革开放后第一位访华的音乐家。让·雅尔以中法文化交流大使的身份，在北京和上海举行了两场音乐会，在那个对海外文化充满好奇的年代，雅尔用当时才发明不久的电子合成器和激光视幻相结合，给北京体育馆现场观众和多达五亿的电台听众和电视观众带来难以想象的世界性震撼。

（2）混搭技术与VJ动画

影像骑师（Visual Jockey，VJ）汤姆·爱多姆在接受采访时说道："我们寻找有趣的图片，对它们进行润色、加工、混合搭配，最后连在一起构成一个完整的故事。"由此可见，混搭技术、数码影像和拼贴动画是影像骑师们的杀手锏。影像骑师就是在大型音乐会或露天演唱会现场负责提供影像的人。DJ提供音乐，VJ提供影像，二者集视听于一体，是现代音乐演唱会的绝佳拍档。影像骑师们的工作场合包括夜总会、艺术活动现场、音乐会和节日庆典。同DJ类似，他们根据音乐的节奏在大屏幕上播放电影和视频片段，并赋予它们新的内涵。影像骑师在这些充满年轻时尚和追求感官刺激的场所，通过视觉冲击的动画、夸张的照片、不符常规的图片组合，让人们抛弃传统的"听"音乐的方式，用视觉感官来"享受"音乐，从而产生了与时间的共鸣。

20世纪90年代初期，VJ逐渐开始流行起来。影像骑师将电影、动画、图形和声音统一起来。数字时代艺术家可以利用的媒体也越来越多，动态影像就是这些媒体创造性结合的产物。这个新兴领域打破了媒体之间原有的界限，并不断地产生出新的结合体。英国著名的当代视觉影像展就特别关注 VJ 领域的新媒体革命。

VJ 影像制作是具有高度挑战性、实验性很强、要求有丰富想象力的行业。数字技术的发展使得大屏幕 LED 全彩视频墙和 LED 幻彩幕墙能够广泛用于酒吧、音乐节舞台等娱乐夜场。与此同时，VJ 影像制作技术手段多种多样，从手工绘画、VJ 动画到复杂的数码混合媒体影像都可以包含在内。用来合成时间、空间、动作和声音的工具有 After Effects 软件，其他用来生成滚动字幕、三维元素、特殊效果、角色动画、路径动画、图像处理与视频、影像、动画合成的工具包括 NewTek Lightwave、Maxon Cinema 4D、3Ds Max、Maya、Motion、Final Cut Pro 和 Soft image XSI 等。现场音乐可视化交互编程软件可以采用 Max/MSP/Jitter 和 Modul 8 等。此外，还有数码相机和扫描仪，当然也少不了铅笔和纸，以及使用它们时的想象力。

（3）虚拟现场动画——初音未来

初音未来是日本 Crypton Future Media 公司以雅马哈（Yamaha）公司的 VOCALOID 2 语音合成引擎为基础开发的虚拟女性歌手软件。初音未来第一次与世人见面，经过数年的推广流行之后，初音成为日本第一人气的虚拟偶像歌手。该形象角色由日本著名插画家 KEI 以动漫少女风格设计人物及绘画，角色具有“透明感”和“萌系”少女的画风。VOCALOID 2 可以将人类的声音录音并合成酷似真正歌手的歌声，是日本 3D 和智能的最高水平。只需输入音调和歌词就可发出声音，亦可以调整震音、音速等的“感情参数”，最多能够 16 人合唱，亦支持即时演奏。制作完成后会以 WAV 格式输出。虽然初音未来并非第一个可以模仿人类歌唱的软件，但真实感比以往同类软件高，因而引起的热潮带来了业余音乐制作的革命，在日本有着极高的人气。

全息投影技术应用于舞台美术中，不仅可以产生立体的空中幻像，还可以使幻像与表演者产生互动，一起完成表演，产生令人震撼的演出效果。

3. 数字时代的偶动画

（1）黏土材料与早期偶动画

黏土动画是传统动画中最具表现力和风格感的类型之一。传统上使用黏土或者橡皮泥、软陶甚至是口香糖这些可塑形的材质来制作的定格动画均属于黏土动画。一般这种类型的动画是利用黏土的可塑性，直接在黏土上进行变化操作来达到动画效果的，但有时也会在已经做好形状的黏土角色中加上铁丝的骨架，以便角色能够方便地做出一些造型或者姿势。黏土的可塑性和无穷的变化使得这种材料本身就蕴含了“生命”的含义。

动画家们在官方支持下，在布拉格和哥特瓦尔德两地形成了两个动画片学派。曾亲自表演过木偶的画家和雕刻家伊利·唐卡（Yili Thangka）在20世纪五六十年代曾专门拍摄木偶动画片。他长期担任布拉格动画制片厂厂长并制作了一系列精彩的偶动画。十几年间几乎所有捷克的木偶动画作品都出自他旗下的工作室，迅速在世界动画界享有盛名。在威尼斯电影节上获大奖的《捷克的四季》描绘了捷克的民间生活和传统节日中的狂欢，两部巴洛克风格的长片《皇帝的夜莺》和《巴亚雅王子》分别取材自安徒生童话和中世纪传奇故事。

伊利·唐卡（Yili Thangka）执导了影片《电脑老奶奶》，讲述一个生活在大自然中的老奶奶带领她的孙女乘坐飞船来到了一个电子世界，天真的孩子在这个电子化、数字化的枯燥世界里被禁锢并失去了本性。该片隐喻了工业化进程对于人类天性中那份天真的摧残，对20世纪60年代席卷欧美的电子科技狂潮有着比较深刻的反思与质疑，在伊利·唐卡的电影中属于上乘之作，其寓意和表现即使放在现代，我们也依然能够感受到50多年前动画大师的真知灼见和不俗的眼光。

（2）史云梅耶：综合媒体大师

动画大师扬·史云梅耶（Jan swanmeyer）被称为动画界的卡夫卡，他以达利般的超现实梦幻动画令全世界着迷。史云梅耶完成他个人的第一部偶动画影片《最后的把戏》。随后，在《庞趣与朱迪》《唐·璜》《爱丽丝》和《浮士德》等片中也都不同程度地用到了木偶剧的表演手法。古老、破旧的傀儡形象为史云梅耶的动画增添了神秘感，剧场氛围、面具气息及同真人演出的拼合更模糊了影片中的时空逻辑，增加了神秘未知的氛围。特别是综合媒体（实物、照片和真人等）的使用，使传统的木偶动画带有更多的现代色彩。

史云梅耶在其著名的作品《对话的维度》里用到了泥、蔬菜瓜果等食物，锅碗瓢盆之类的生活器具，以及书本、尺子、颜料等文化用品，分别把它们拼凑成 3 个人的脑袋。这 3 个脑袋按照食物“吃”文化用品、文化用品“吃”生活器具、生活器具“吃”食物的过程互相吞食、消化、反刍，到最后吐出来的都是一模一样的泥人，泥人再吐出来的则丝毫没有差别了。食物代表着人类生存的基本资源，而生活器具代表人类的生产资料，文化用品代表了人的精神文明生活，这三者的斗争、交融、统一揭示了人类发展的基本规律——由于有物质消费需求，故而劳动，进行物质生产；由于进行了物质生产而促成满足，完成精神消费；由于精神消费的缘故而促进认识的解放，进行精神生产，产生新的物质消费需求，劳动、满足、认识、消费四方面周而复始、相互促进，共同形成了人类社会发展和人类进化的基本结构。

超现实的语言、傀儡戏元素和各式生活物品的出场是扬·史云梅耶动画的醒目标志。史云梅耶及其作品在昂西动画电影节和德国奥伯豪森国际短片电影节共斩获 30 多个电影节奖项和荣誉，其中包括 2000 年萨格勒布世界动画电影节上的终身成就奖。扬·史云梅耶曾经指出，动画本身作为一种艺术表现形式，它不仅服务于艺术创造力的表达，还服务于商业。动画有其确定的表现能力，例如，它能给生活带来无味的赝品，也能给生活带来接近于诗歌的灵动的瞬间。他接着说：我深信诗歌是所有艺术门类的灵魂，掌握了它便达到了艺术的最高境界和所有的一切。这同样适用于动画。

扬·史云梅耶的动画带有极强的综合媒体特点，说他是一个纯粹的偶动画家恐怕有些牵强。和伊利·唐卡等传统动画大师不同，史云梅耶作品的主要创作期为20世纪七八十年代，因此带有很浓的后现代特征，他对动画材料有着更大胆的尝试。事实上，从绘画、剪纸、拼贴，到各种实物，包括食品（鲜肉、蔬菜、瓜果、面包等）、厨具、贝壳、动物标本、各种骨架、书报杂志、布料、钟表、家具，再到真人表演，从实拍视频、照片、木偶、黏土到古典插画，史云梅耶作品中几乎出现了以上所有的媒体。

扬·史云梅耶往往在同一个主题下将同类素材放在一起表演，如猿猴的插画、照片、视频和骨骼标本等。他的作品充满着黑色幽默的质感和怪诞的图像，他能够把每一个物件变成让人匪夷所思的线索。他的动画画面色调灰暗、令人恐惧，有着能挫败你的情绪的残酷联结，如绞碎的古董玩具被用来煮成羹汤、发怒的木偶彼此以木槌打击对方、吃着自己身体的泥偶和蠕动的牛肉……史云梅耶的作品从不循规蹈矩，而是不合逻辑、离经叛道。他喜欢以性主题为重，拍出过一系列性暗示很强的短片，对文化、政治及社会关系做出分析和判断，使许多动画后辈深受其影响。而他在动画中对综合媒体的痴迷和表现也使他当之无愧地属于新媒体艺术家。

（3）奎氏兄弟和《鳄鱼街》

偶类定格动画在媒体表现上的巨大潜力不仅吸引了捷克的艺术家，远在英国的实验动画家奎氏兄弟也成为这种实验定格动画的积极探索者。奎氏兄弟是一对双胞胎，名为史蒂芬奎（Stephen Quay）和狄莫瑞奎（Timothy Quay）。他们出生于费城附近的一个小镇，那里有大量的欧洲移民，兄弟俩因此受到了欧洲文化的熏陶。他们在伦敦的皇家艺术学院完成了他们的学习生活。奎氏兄弟创作了很多独一无二的作品，并将偶类动画演变成一种严肃的成人艺术形式。这些动画浸润着大量的文学、音乐、电影和哲学要素，而且许多作品都带有奥地利、波兰和捷克斯洛伐克艺术的痕迹。奎氏兄弟因动画《鳄鱼街》一举成名。该动画被美国导演特瑞·吉列姆称为史上最伟大的10部动画片之一。动画《鳄鱼街》通过奇幻的场景和神秘怪诞的人偶结合成无意识、充满隐喻和视觉诗意的梦境。

动画《鳄鱼街》取材于波兰作家布鲁诺·舒尔茨的同名小说。该片在文学、诗意与神秘奇幻风格等方面自成一体、别具一格，创造出一种新特质的诗意动画片，充满了偶动画无限的表现性。

当谈到他们的定格动画作品深受艺术家和学者们的崇拜时，奎氏兄弟笑着说，这是因为作品毫无幽默感，让人以为好像必定寓意深刻。他们作品里破败的木偶和梦境般破碎的叙事结构影响了一代主流电影文化，也为定格动画在表现复杂人性和观念的道路上打开了一扇大门。

（4）数字偶动画的发展与创新

数字时代的到来虽然使得基于计算机技术的动画大行其道，但也从另一个方面为偶动画的创新与发展提供了新的技术手段。三维建模和场景的数字化设计以及动画镜头、配音和数字特效往往可以作为偶动画前期的“故事板”或“效果样片”，使得剧组的全体成员能够借助高度模拟最终画面的影片来设计定格的场景、人物造型和镜头表现。这不仅有利于诠释和完善导演的拍摄意图，也有利于剧组人员的相互沟通和集思广益。

英国动画导演苏西·泰普里顿（Suzie Templeton）把这个经典故事搬到了现代并赋予了其全新的内涵。故事中彼得和他的爷爷生活在当代的俄罗斯，乱糟糟的街道上流氓暴徒横行，如惊弓之鸟的爷爷遂把彼得和自己都关在一个像堡垒一样的房子里离群索居，并且不许彼得到外面结了冰的湖面上玩，不过彼得还是趁机偷偷溜了出去，结果遭遇恶狼。凭着机智和勇敢，彼得活捉了这只恶狼。彼得和爷爷把狼带到镇上并最终决定把这只狼重新放回大自然中。影片在角色塑造方面非常传神，和音乐的结合也天衣无缝。特别是狼被套住后的神态和表情生动而夸张，使得观众顿生怜悯之心，这也使影片的结局不落俗套，令人回味无穷。特别重要的是，在影片摄制过程中，苏西·泰普里顿利用 Audodesk Maya 软件构建了详细的影片效果样片，包括角色动作、机位、场景、灯光模拟、时间律表和分镜等。这个数字效果样片不仅帮助剧组大大加快了制作进程，也使得导演能够对影片的最终效果有一个非常清晰的预期。正是该影片在角色塑造和镜头表现方面非常传神生动，才使得该片最终获得了美国电影艺术与科学学院金像奖（奥斯卡奖）最佳动画短片的荣誉。

在制作上，该片充分利用了综合媒体的巨大优势，将木偶表现和爆炸、火焰等实景效果结合起来，每一个表情动作和场景都准确入微，很难想象是实时拍摄的偶动画。

4. 数字仿水墨动画

（1）特伟与早期水墨动画

作为中国优秀传统文化之一的中国画，是人类艺术领域里的一块瑰宝，如果从现存独幅的战国帛画算起，至今已有 2 000 年以上的历史了。水墨动画片是 20 世纪 50 年代的中国动画师们创造的动画艺术新品种。它以中国水墨画技法作为人物造型和环境空间造型的表现手段，借助宣纸水墨与赛璐珞胶片的拓印与分层动画拍摄的结合处理技术，把水墨画形象和构图逐一拍摄下来，通过连续放映形成浓淡虚实活动的水墨画影像的动画片。水墨动画片将传统的中国水墨画引入动画制作中，那种虚虚实实的意境和轻灵优雅的画面，使动画片的艺术格调有了重大的突破。

我国第一代动画大师、上海美术电影制片厂厂长特伟对我国水墨动画的发展做出了奠基性的贡献。20 世纪 60 年代，在“动画民族化”的精神鼓舞下，以特伟领衔的科研艺术团队开始了水墨动画的艰难探索。特伟团队拍了第一部称作“水墨动画片段”的短片作为实验。同年，第一部水墨动画片《小蝌蚪找妈妈》诞生，其中的小动物造型取自齐白石的作品。“白石世所珍，俊逸复清新。荣宝擅复制，往往可乱真。”传统的水墨画非常讲究笔法和墨法的运用，正是由于没有绚丽的色彩，黑白相映，自有一份古朴之美。

当时为现这个梦想，美影厂在技术上花费了大量精力去探索，国画技法的特殊性使动画制作非常困难，由于要分层渲染着色，制作工艺非常复杂，所耗费的时间和人力也是惊人的。

《小蝌蚪找妈妈》上映后，获第一届《大众电影》“百花奖”最佳美术片奖，获瑞士第十四届洛迦诺国际电影节短片银帆奖，获法国第四届安纳西国际动画节短片特别奖，获第十七届戛纳国际电影节荣誉奖，获法国蓬皮杜文化中心第四届国际青少年电影节二等奖。

（2）水墨动画的特点

虽然中国水墨动画有着极高的艺术性，但其缺点也是显而易见的。水墨动画工艺复杂、制作周期长，需要耗费大量的人力、财力。特别是画在动画纸上的每一张人物或者动物，到了着色部分都必须分层上色，即同样一头水牛，必须分出四五种颜色，有大块面的浅灰、深灰或者只是牛角和眼睛边框线中的焦墨颜色，分别拓印或平涂在好几张透明的赛璐珞片上。每一张赛璐珞片都由动画摄影师分开重复拍摄，最后再重合在一起用摄影方法处理成水墨渲染的效果，也就是说，我们在银幕上所看到的那头水牛最后还得靠动画摄影师“画”出来。水墨动画光是用在摄影上的时间就足够拍成四五部同样长度的普通动画片。

此外，中国水墨画作为中国传统人文精神的代表，具有独特的写意抒情的特点，要求笔墨结合，气韵生动，静观体味，妙在神似。这和以大众性、故事性、通俗性和视觉趣味性见长的动画之间也有着很难调和的矛盾，这也是中国水墨动画长期未能得到发展和商业化的深层原因之一。

我国新媒体动画研究的开拓者之一，北京印刷学院动画系教授何云曾经指出，一千多年以来，“静止”的中国水墨画发展至今已经拥有了自己完美的审美取向，如气韵生动、形神兼备、以神为主、传情达意、大象无形、大音希声、虚实相生、意到笔不到和似与不似之间等，这些词汇都是在水墨画“静止”时才有效的。水墨画只有在“静止”的时候，才能恰到好处地展示它回味无穷的魅力；一旦动起来，“回味”就“有穷”了，水墨画特有的魅力也就随之消失了。因此，“让水墨画动起来”这种说法，温和地说，是“画蛇添足”，强烈一点说，是“对水墨画自身独特魅力的亵渎和践踏”。

何云教授认为，水墨画和水墨动画片各自有着截然不同的语系，绝不是二者之间的简单嫁接。如中国水墨画讲究笔墨情趣、技法丰富、变化多端，同时又提倡清秀淡雅、水晕墨章、重墨轻色、无色无为和大量留白的艺术效果，而作为娱乐性较强的动画，观众就会因没有颜色而产生乏味感。此外，水墨画多为散点透视，主张“步步移，面面观”，在画面中的大多数构图是“天人合一”的全景式，而作为动画片，如果没有景别、景深，就会缺乏空间纵深感。因此，何云教授建议，水墨动画无论是在影片画面的色彩、构图景别、透视关系，还是声、光、色的处理上，都应该回归到动画本体上来，根据不同的题材选择不同的水墨风格，将亮丽的色彩、光影效果、焦点透视等非水墨画语言根据情节的需要巧妙地穿插其中，尽显动画的特质。这些观点可以说是对我国水墨动画发展的真知灼见。

（3）数字水墨动画的探索

随着数字 3D 技术的发展和 Maya 等建模软件的广泛使用，借助数字软件的非真实渲染（NPR）等方法产生了数字仿水墨效果动画。数字仿水墨动画或三维水墨动画主要是通过三维建模、材质处理、渲染、后期 PS 等处理后成为水墨画，制作流程分为前期制作、分镜、骨骼设置、蒙皮、环境设计、分镜动画、灯光和渲染、后期合成和配音配乐等步骤。其中水墨效果可以通过透明材质设计、贴图笔触效果设计、晕化渲染和非真实感渲染特效等手段实现。与传统动画相比，三维水墨动画不仅能节约人力资源，而且表现丰富、动作流畅，并可以根据不同需要设计成不同风格。虽然数字仿水墨动画至今仍无法替代中国水墨画的韵味和意境的审美，但毕竟在效率与风格表现上能够克服传统水墨动画的局限，也由此受到了人们的青睐。

（4）跨媒体数字水墨动画

数字技术涉及的中国传统动画领域不仅仅是水墨动画。数字仿水墨动画也引起了国际动画界的兴趣。例如，由迪士尼公司导演托尼·班卡福特（Tony Bancroft）和巴里·库克（Barry Cook）共同执导，改编自中国古代民间故事的动画片《花木兰》就在开场时采用了水墨动画的表现手法。《花木兰》讲述了一位中国姑娘为抵抗侵略，替父从军，奋勇作战保卫祖国的故事，充满亲情，歌颂了其正义、善良、勇敢和坚强的优秀品质。

此外，由中央电视台委托德国汉堡的创意团队特效公司制作的数字水墨广告《相信品牌的力量》。该工作室以数字流体特效方面的技术见长，他们利用Maya软件等模仿了水墨的流动感，同时结合动捕技术获取了老人太极和女孩舞蹈动作，将北京的长城、天坛、鸟巢和国家大剧院等著名地标建筑融为一体，顷刻之间云雾缭绕，浑然一体，达到了出神入化的效果。这个广告片将新媒体动画的优势表现得淋漓尽致。

（二）新媒体动画的创作趋势与展望

1. 新媒体动画的创作趋势

技术给艺术带来了新的表现手段和表现方法，丰富了艺术的表现内容，更新了艺术观念。新媒体动画的艺术价值是与数字技术价值合为一体的，与旧媒体时代的艺术样式相比，新媒体动画是一种新的大众文化现象，它将技术、艺术、媒介、商业、娱乐、教育融为一体。它对网络媒体具有天然的依赖性，也具有了网络这个独一无二的表达环境。网络艺术是一种仅能透过网络媒体来体验的艺术形式，无法用其他方式、其他的媒体材料来传递该作品的精神。新媒体动画的作品无法使用其他媒介材料来传递它的精神，就应该具有自身区别于其他媒介作品的独特性，这既是技术发展的需求也是媒介发展的需求。

但是，目前来看新媒体动画还没有出现具有统治力、全新的艺术形式。现在没有并不是说未来没有，可以确定的是未来一定会出现新媒体动画的稳定的、独立的、独特的形式。我们可以来回顾一下动画曾经的母体——电影的发展。电影技术很早就出现了，但是直到卢米埃尔（Lumiere）兄弟在法国的一个咖啡馆里以售票和集体观影的形式播放电影才确立了电影的诞生，电影至此才找到自己的存在方式。即使有了这样的观影方式，在电影形成的最初，大家还是被一列火车迎面开来吓得惊声尖叫，谁也不会想到电影会发展成现在的模样。蒙太奇的出现改变了电影的“语法”，形成了电影的视听语言模式，为电影找到了独特的艺术形式。

新媒体动画似乎正在经历电影曾经的发展过程。技术、媒介均为动画开辟出最友善的平台，但是新媒体动画的发展还处在量的积累阶段，还没遇到引发质变的决定性力量。研究、分析进而创新找到新媒体动画独特的最佳表现形式成为一件刻不容缓并且需要不懈努力的重要工作。因此通过前面对新媒体动画的综合研究、分析，我们可以从内容、形式、传播、创作者等多方面对新媒体动画的创作趋势做出创新性的分析和推理，以促进新媒体动画的发展。

（1）新媒体动画的创作趋势

①从作品到产品的思路变化

传统影视动画的目标受众是通过创作者的推测而确定的，作品的内容受到创作者思路的影响，创作者通过综合分析为受众安排作品内容。新媒体动画作品在网络上播放，点击观看者是作品的真正受众，通过网络平台的数据能够清楚、明确地确定作品的受众对象，了解受众的年龄层次、文化水平、经济状况、欣赏品味、基本需求甚至地域特点等信息，具有更明确的分众传媒特点。因此，新媒体动画是明确的以受众为中心、基于受众需求的产品，创作者创作的是满足受众需要的产品，新媒体动画作品带有明显的产品化特性。

大数据时代的来临增加了受众传播细分的可能性，面对越来越细分的受众市场，新媒体动画的创作者应具有互联网思维，明确分众传媒的概念，创作有明确受众的产品，而不是以创作者为中心的作品。这是在新媒体动画创作之初就应该具备的创作思路。

②增强语言化叙事能力

目前在新媒体平台上出现了这样一类动画，使用非常有特色的声音配合简单的运动画面，形成新媒体动画作品。声音和画面配合紧密，能够准确地表达作者的创作内容，并且具有一定的趣味性。

这类作品改变了传统视听语言的特点，将声音的作用放大，对画面内容的处理相对放松，将动画的内容放到没有束缚的想象世界，表现性极强。此外，动画内容降低了对现实世界的模拟而变得十分灵活，从制作技术角度看动画的动作设计相对简单，十分适合新媒体平台动画的发展趋势。

③故事性不再是创作的唯一目的

传统动画经过百年的发展早已形成一套完整的表达体系和制作模式，即使三维技术出现也没有打破这套体系，依然以讲故事为主要表达方式。新媒体动画的制作也往往不自觉地或者习以为常地采用传统动画的制作模式和表现形式，很难从这种模式中跳出。但是新媒体技术与媒介的独特性，无时不在牵引着动画大胆创新、突破常规。在新媒体动画作品中出现了一些与剧情、叙事无关的作品形态。例如，以兔斯基、阿狸为代表的表情动画，在作品创作之初就是一些表达情绪的动态表情，通过论坛、社交网络等渠道传播，根本没有传统的剧情动画，动漫形象的确立就是依靠这些表情动画和一些壁纸、漫画等宣传品。后来这类新媒体作品不能脱俗地都制作了相关的剧情动画，但是和表情动画相比其影响力甚低，受众早已记住这个动漫形象，但是讲的故事是什么并没有记在心上，这种后续的补充制作是传统观念影响下的下意识行为。

传统动画除了功能性的差异化出现广告、音乐、实验片之外，最主要的就是用来讲故事。传统动画被赋予了讲故事的重要责任。动画除了讲故事还能干什么，似乎在传统媒体上没有其他的方向，但是，在新媒体平台上，动画给出了不一样的答案，表达情绪，体验动画虚拟幻象，制作好看的图像、符号、文字的动态，动画似乎有了更多的创作出口，所以，在思考新媒体动画的创作时，可以把“故事”放一放，拓宽自己的思路。

④交互形式成为探索的主要方向

交互性是新媒体平台的特点，也是新媒体动画发展的重要方向。就目前而言，交互性新媒体动画的发展并不太充分，这是技术先于艺术形式的表现，究其原因主要有如下几点：首先，传统动画的讲故事视频形态深深束缚了创作者思考故事性以外的交互动画；其次，故事性的交互动画，尤其是选择性的交互动画，制作成本太高，选择的每个节点都要制作相应的内容，一个故事需要几倍甚至几十倍的内容制作量，难以实现；最后，交互式动画在新媒体的传播平台上并没有找到自己合理的存在价值和播放空间。

上述原因都不能成为抑制交互新媒体动画发展的理由，交互动画的发展顺应技术、媒介发展的大趋势，因此交互动画急需找到合适的发展方向，也需要更多的探索实践。创作者要了解交互性，看到交互设计的多元化，将多点触控、语音控制、重力感应以及新技术，如体感交互等纳入学习、思考、设计的范围。此外，要积极探索交互动画在新媒体平台的表现与传播模式，比如，给交互性叙事动画在新媒体播放时设置选择付费模式，当叙事交互出现 A、B 选择点的时候，用户需要极少的费用才能选择 A 或 B 节点继续观看作品，而如果一个作品有 10 个选择节点，那么就能从用户手中拿到一笔小小的收入，形成交互叙事动画在新媒体平台的独特传播模式和盈利模式。

⑤与新媒体产品、平台紧密结合

新媒体动画的发展不能单打独斗，必须紧密依托新媒体平台。新媒体虽然出现了数十年，但是依然是一个新生事物，还在不断发展变化的过程中，其传播的技术、形式在不同的阶段都有新的发展，这些都应成为新媒体动画创作的重要思考和结合内容。新媒体动画的创作者一定要保持开放的、发展的态度认识新媒体，这样才能避免脱离实际、闭门造车。大数据，SOLOMO（社交、本地、移动），5G 网络，移动终端的智能化、扁平化设计，甚至包括微信、微博、APP 平台等都应成为创作者关注的新媒体事件。

（2）新媒体思维下的创作流程与方式

传统动画虽然历经了纸上绘制到电脑绘制（无纸动画）、二维动画到三维动画等技术变革，但是其基本制作流程的大框架并没有改变，依然遵循着前期、中期、后期三大部分的制作方式。前期主要包括剧本、美术风格、分镜头、设计稿，后期主要包括合成、剪辑、输出。这些制作流程在技术变革中并没有明显变化，技术变化主要体现在是中期制作方式的差异上。手绘动画的中期制作采用绘制设计稿、原动画、背景、扫描、上色的方式；而摆拍动画则采用制作偶、场景、记录动作的方式；三维动画则采用建模、贴材质、置摄影机、调动画、灯光、特效、渲染的方式。可见，在传统动画中，技术的变革并没有打破动画作为视频的表现形式及基本制作方式。

在新媒体动画中，动画的表现形式更加多样，一直以来单一的视频类的动画形式不再适应新媒介下动画的表现形式和创作思路。新媒体动画的创作应既考虑到新媒体动画的多样性，又考虑到动画的本质特征，更要考虑到新媒体这一新兴的媒介因素。因此新媒体动画的创作主要应包括三部分：创意与构思、设计与制作、发布与维护。

①创意与构思

新媒体动画的创意内容可能是一个视频动画，可能是一个形象的表情动画，还可能是一个动画网站，也有可能是 APP 平台上的应用程序，甚至可能是目前尚未出现的但是随着新媒体的发展而出现的新形态。因此，传统动画制作阶段的第一步——剧本在新媒体动画时代就不能完全胜任了，它仅仅是一种作品类型的表现形态。尤其是针对丰富的新媒体动画形态，用构思阐述似乎能更准确地表述新媒体动画的创意内容。

构思阐述的内容明确了创作者对作品的创意、构思，并将其落实到纸面上，做出详细的制作规划，既可以指导作品的内容创作，又可以指导作品的整体制作进度。无论是创作者还是投资人，通过构思阐述都可以对作品以及作品的制作规划一目了然。

②设计与制作

构思阐述确定后，根据脚本就可以开始新媒体动画作品的整体设计与制作了。新媒体动画是技术、艺术、媒体三重影响下的作品形态，在制作中要考虑到技术、艺术、媒介三种因素，尤其在制作技术方面，除了传统动画的制作手段外还会产生与交互、网络等相结合的方面，因此新媒体动画在制作上主要分为交互式和非交互式两种。

非交互式新媒体动画：这种类型的新媒体动画主要是视频形态，因此可遵循传统动画的制作方式。在确定脚本（剧本）之后，完成整体风格设计、分镜头，然后进入中期制作、后期制作，最终按照网络格式要求输出作品。

交互式新媒体动画：在确定脚本之后，完成整体美术风格设计、分镜头画面绘制。分成两部分：一部分制作画面内的动态元素；另一部分编写程序，完成交互。

③发布与维护

发布与维护：

发布与维护是媒体动画创作的关键阶段，它们确保动画作品的可见性和持续有效性。以下是这两个阶段的详细解释：

发布阶段：

发布阶段是将媒体动画与受众分享的过程，目的是确保动画达到广泛的观众，传达信息并实现其宗旨。这个阶段通常包括以下步骤：

选择发布平台：确定将动画发布在哪些媒体平台上，例如网站、社交媒体、视频分享网站、电视等。

根据平台要求进行格式转换：不同平台可能需要不同的视频格式和规格，因此可能需要将动画转换为适当的格式。

制定发布计划：安排发布日期和时间，以便在最佳时机吸引观众。

制定宣传策略：确定如何宣传动画，包括使用标签、关键字、描述和宣传文案等。

与受众互动：回应观众的评论和反馈，积极与他们互动，促进互动和分享。

维护阶段：

维护阶段旨在确保动画的长期可用性和吸引力，特别是在长时间内保持其有效性。这个阶段可能包括以下活动：

定期更新：根据需要，对动画进行定期的内容更新，以保持其新鲜感和吸引力。

修复错误：监控观众的反馈和发现的错误，并及时修复问题，以提高动画的质量。

数据分析：分析动画的观看数据，了解受众反应，以做出改进决策。

扩展内容：根据受众需求和动画主题，添加新信息、章节或相关内容。

安全备份：确保原始动画文件和相关资料的安全备份，以防止数据丢失。

维护阶段的目标是确保动画作品持续吸引观众，并为观众提供有价值的内容。这需要不断的努力和监控，以适应变化的需求和趋势，从而保持动画作品的活力。

2. 新媒体动画发展展望

（1）研究成果

①新媒体动画理论体系的构建

a. 新媒体动画内涵和外延的廓清

新媒体平台上动画的形式丰富多样，既有影视动画的传统形态也有基于新媒体平台的新生形态，还有与其他艺术形式结合的混合形态，这些给研究新媒体动画造成了不小的困难。为了明确新媒体动画的研究内容，本书抛开复杂纷乱的表象，从新媒体动画的两个根本元素——新媒体和动画的基本概念入手，探讨新媒体平台上的动画定义。虽然对于新媒体的定义专家众说不一，没有统一定论，但是从传播性的角度来看已达成一个相对普遍的认识：新媒体主要是指相对于传统媒体而言的，建立在数字技术和网络技术的基础之上，通过数字化信息存储、传输、接收、共享的媒介。

动画是视觉和心理的产物，是人类通过自身和借助于其他技术手段创造出的非真实的动态幻想。这两个概念的明确，为新媒体动画的确立奠定了基础。在此基础上本节提出新媒体动画的内涵是指：建立在数字技术和网络技术的基础之上，在数字化信息存储、传输、接收、共享的虚拟平台上传播的以人工方式创造的动态影像。而其外延可以从广义和狭义两种研究范畴进行划分，广义的新媒体动画泛指新媒体平台出现的所有动画作品；狭义的新媒体动画是指直接从新媒体平台上诞生的作品，它是专门为新媒体平台而创作的动画作品，具有较好的新媒体平台特征，如基于新媒体平台传播的动画视频、交互动画、表情动画、界面动画等。狭义的研究范畴排除了已经存在的被数字化的早期动画作品和为了电影、电视媒介创作并兼容在新媒体平台播放的动画作品。将范畴集中在新媒体这一结点上，是新媒体动画的核心内容所在，是本书新媒体动画的基本范畴。从媒介发展的角度对新媒体动画的内涵和外延进行界定，明确什么是新媒体动画、新媒体动画的研究范畴，为新媒体动画的进一步系统研究提供最基本的理论支撑。

b. 新媒体动画的五个特性

本书提出新媒体动画具有五个特性：交互性、虚拟性、技术性、综合性、即时性。技术性是新媒体动画存在的根本，它不仅依靠数字技术实现制作，还依靠数字技术存储和传播；综合性和即时性是动画传承自新媒体平台的媒介特征；交互性和虚拟性是新媒体动画的突出特性，将新媒体动画拓展到一个全新的领域。

c. 新媒体动画发展史的梳理

本书对新媒体动画的发展脉络进行了认真梳理，并提出了新媒体动画发展的三个阶段：早期——设计类新媒体动画为主的阶段；发展期——一枝独秀的 Flash 动画阶段；多元期——综合、跨界、多元的新媒体动画阶段。

d. 新媒体动画类型的划分

本书结合新媒体动画的特点，从媒体、技术、艺术和使用价值四个角度对其进行类型划分。尤其是对新出现的交互式新媒体动画进行了认真分析，提出该类型作品目前已出现的三种类型：手段性交互式新媒体动画、即时性交互式新媒体动画和结构性交互式新媒体动画。

新媒体动画理论体系的构建是对新媒体上杂乱无章的动画现象的归纳总结，使新媒体动画能够以一个较为清晰的面貌出现，有利于对这一领域内容的研究与创作，缔造出未来新媒体动画发展的形态及目标，拓展现有动画艺术的表现形态，同时为动漫企业提供新的可参考的创作形式，并且增强新媒体动画的盈利能力，提升受众对新媒体动画的审美能力。

②动画表现形式的拓展

对新媒体动画脉络体系进行梳理并明确相关概念、特征、类型后，本节将新媒体动画与传统影视动画进行了对比，提出了二者之间传承、突破、反转的关系。通过分析可以看到，新媒体动画已经突破传统动画的形式，在交互动画方面有了新的发展，这一发展是具有重要意义的提升，是新媒体动画不同于传统动画的形态，也是新媒体动画未来发展的重要目标。

动画在不同阶段表现出不同的形态。在纸质媒介时代，动画表现为“手翻书”等形式，受众仅能通过视觉欣赏到运动；在影视媒介时代，动画表现为电影（电视）动画形态，受众可以通过视觉、听觉两方面共同作用欣赏运动的影像；在新媒体时代，动画表现出多元化的内容与形式，最重要的是动画可以通过视觉、听觉、交互三方面共同作用，感知运动，这是动画在表现形式方面的重要突破。交互性打破了传统影视动画沉浸性的欣赏方式，使受众可以不断地与动画画面互动共同完成作品。

另外，在视频表现的时间长短上，新媒体动画也出现了新的拓展。传统影视动画作品的时长，电影一般为 90 分钟，动画系列片一般为 1 ~ 20 分钟，即使是动画短片，至少也要在 30 秒以上。在新媒体平台，表情动画作品时长可以短暂到数帧，并且形成独特的表现形式，同时可以在此基础上缔造出经典的动画形象，成为一种新型的动画表现形式。

新媒体动画的发展也引发了对动画审美方式的拓展与变化。在电影出现后，动画制作主要依靠电影的语言语法，其动画艺术形式主要是动画电影，所以现在谈论动画时都会谈到剧本、造型、镜头、动态等很多方面，这样才能够全面地认识一部动画片，但是这种方式似乎在拓展的新媒体动画中不太适用。在欣赏交互动画时需要分析的是交互动画的创意、整体画面的设计、交互技术的应用、动态的制作效果等，而在欣赏一个短暂的表情动画时需要分析的可能仅仅包括造型的设计、动作的构思与表达。虽然在新媒体平台依然有传统视频形式的新媒体动画作品，但是新媒体动画表现形式的拓展要求欣赏者能够与时俱进，以发展的眼光来分析这些新出现的表现形式。

③未来发展的方向

对于新媒体动画的创作应抱着更开放的态度，把动画放到新媒体的大环境中思考，注重科技的发展与创新应用。因为新媒体动画包括视频动画、表情动画和交互动画等形式，因此本书中新媒体动画创作的五个趋势，是综合性的，是从整个新媒体动画的角度提出的，包括从作品到产品的身份转变，语言化叙事方式的增强，不以叙事为唯一目的，以交互形式为重要探索方向，与新媒体产品、平台紧密结合。

但是，如果进一步分析，仅从最具新媒体动画特征并且代表未来发展方向的作品类型来看，交互动画因其横跨技术、艺术与媒介，具有新媒体的普遍特质，并且能够将动画以一种全新的形态展现，代表着新媒体动画的创新与发展方向。本节对已经出现的交互性动画作品进行了认真的梳理总结，将这些作品划分为三种类型：手段性交互、即时性交互和结构性交互。手段性交互的主要功能在于导航和超链接，并没有形成具有一定表达意义的动画作品形式。结构性交互在作品叙事中需要制作庞大的内容体系以支撑结构选择的变化，工作量庞大，因此发展至今作品较少，并不适合大批量制作。而即时性交互与移动终端技术和触摸技术、语音识别技术、重力感应技术等新媒体技术较好地结合，能够制作完成具有一定特色的动画作品，是科技发展的最前沿应用。当然，手段性交互、即时性交互、结构性交互在交互动画作品中并不是单一存在和排他的，很多时候是各种交互形式的综合应用，在未来的发展中核心应用应放在即时性交互上。即时性交互动画具有与新媒体和动画天然的属性关系，能够充分发挥新媒体与动画的本质特点，将技术、艺术、媒介充分融合，是具有前瞻性与创新性的作品形态，代表新媒体动画未来发展的主要方向。

④对人才培养的建议

创作方式的变化也对创作者提出了更多的要求。新媒体动画的创作者除了要掌握动画的技术，具备相关艺术修养外，还应该具备媒介人才的素养，掌握交互技术等数字技术，并能够创造性地综合应用。新媒体动画的创作者与影视动画的创作者在能力素养方面已经产生了差异，因此在人才培养中应该对这类人才加以区分，建立新媒体动画人才培养体系，而不是沿用影视动画的培养方式。

当前的动画教育一直沿用的是影视动画教育的理论体系和教学体系，注重绘画、动画和电影相关理论的培养，大部分高校动画专业的课程主要有素描、色彩、速写、动画概论、原画设计、二维动画制作、三维动画制作、剧作、视听语言、表演、影片分析、中外电影史、动画创作、动画制片等。这种动画教育课程体系忽视了动画的发展，没有将新媒体动画教育纳入人才培养计划，因此，笔者建议应有专门针对新媒体动画人才的培养方案，即以动画基础课程为核心，开设交互、平面设计、媒介传播、影视基础、绘画基础等相关课程，从一个新的切入点来学习动画，掌握新媒体动画创作的技能。

通过对新媒体动画的研究，既能够对新媒体动画有一个全面的认识，又能够在一个全新的平台上跳出传统动画的束缚，以发展的眼光重新审视动画，思考动画、动画技术和动画艺术，也对动画在新媒体平台的地位有一个全面的了解，同时对动画创作者的培养提出新的目标方向。

（2）发展展望

新媒体动画的研究属于较前沿和综合性的研究范围，目前碍于个人能力、研究资源、技术发展等多方面的条件限制，本书只是该领域的一个初步研究。随着数字技术的发展和新媒体平台的日趋完善，对新媒体动画的研究与思考将是一项十分重要和有价值的工作。希望未来能在本书的基础上对以下问题进行进一步分析研究：

①在研究方法上

本书从艺术、技术、媒体三方面入手进行综合研究，并分析了大量的作品案例。未来可增加对创作者和受众的调查和实证研究，通过相关数据增加和明确新媒体动画的客观特点。

②在研究的基础上

与交互技术、虚拟技术相结合。利用已完成的研究成果指导新媒体动画的创作，从而通过创作佐证研究成果，探索新媒体动画的发展之路，使研究更具有实践指导意义。

③在研究的持续性上

本书仅仅是一个开头，未来新媒体动画还有很长的路要走，因此要做好一个打持久战的准备。与此同时，因为本书与新媒体紧密结合，是最先进的技术、媒介的体现，因此还要具有前瞻性的眼光，能够一直走在媒介与技术前沿，不断关注新媒体动画的发展趋势。

第五章 数字媒体与艺术发展

第一节 传播媒体与艺术发展

一、技术与媒体

（一）媒体的基本常识

艺术随社会的发展而发展，社会发展的动力是生产力技术，因此，技术进步是艺术发展最基本的动力之一。然而技术对艺术的影响不是直接的，而是通过媒体的变革实现的。

媒体只有在传播过程之中才能发挥其对信息的记录、存储、传输、调节和呈现的作用。作为媒体，必然是为传者和受者双方使用的。不同的是，有时传者和受者是在同一时间使用媒体，或者说他们之间的传播过程是实时传播。有的时候，传者和受者双方不是实时地进行信息的交换。比如，电子邮件传递的信息可能是在几分钟或几小时后才能从发“信”人那里到达收“信”人那里。

人们使用传播媒体是为了达到改善传播效果、提高传播速度、扩大传播规模和增加传播的反馈性能等目的，即实现信息的双向传输。电视与照片相比增添了动态的信息，激光视盘与电视相比提高了清晰度并增添了寻找画面的可控制程度，我们可以通过报纸和卫星电视直播两种方式报道同一消息的差别中看出传播速度的差异。电话是最常见的双向传播，它能提供即时的反馈，而网上视频会议和视频聊天，较之电话则又优越了许多，因为增加了视觉信息的通道，使得身处各地的与会者和朋友可以谈天说地。

传者的信息通过媒体传播给受者的时候，还要受到另外一个要素的制约，那就是方法。媒体承载着信息，事实上是承载着经过传者编码后的包含着信息的信号。不同的媒体，所能够承载信号的种类不同。如印刷媒体可以载运文字和图形信号，录像带可以载运声音、动画和文字信号。那么是不是信息相同、媒体相同，传播的效果就会相同呢？实验证明，还必须考虑传播方法，或者说媒体的使用方法问题。同种媒体，载运的信号系统种类相同，但是由于传者使用媒体的方法不同，会得到差异很大的传播效果。在讨论媒体的作用时，不能把它与媒体的使用方法割裂开来。也就是说，不能离开媒体的使用模式和使用方法来孤立地讨论媒体的作用。

基于上述理解，结合信息、媒体、方法三者间的关系，传播过程中会有不同类型的受者、信息、媒体、方法和环境。每个传播过程中信息与媒体的搭配是否适合，还有没有更适合的媒体可以采用，媒体的选择与受者对信息处理的水平是否搭配恰当，有无变更余地等，将成为我们必须面对的问题。

根据媒体发展的历史顺序可将其分为传统媒体和现代媒体。传统媒体包括实物、模型、标本、印刷媒体、演员和教师等。现代媒体包括光学媒体、音像媒体、文字图像媒体、视听媒体、综合媒体等。

根据媒体的传播范围可将媒体分为人际交流媒体和大众传播媒体。人际交流媒体包括书信、电话、电子邮件等，大众传播媒体包括书籍、报纸、电视、电影和计算机互联网络等。

（二）技术发展与媒体演进

现代媒体是对人类感官的延伸。光学媒体是对人类视觉系统的延伸，音响媒体是对人类听觉系统的延伸，视听媒体是对视听觉的同时延伸。一个没有生理障碍的人，视觉系统的感受能力最强。在人获取的信息中，83% 通过视觉获得，11% 通过听觉获得，3.5% 通过嗅觉获得，1.5% 通过触觉获得，1% 通过味觉获得。但是人们在不同领域获取不同种类的知识时，上述五种感官的贡献比例是会发生变化的。我国的传统中医在诊断时采用的“望、闻、问、切”方法就是要搜集来自多种感觉通道的信息。

任何一种媒体都需要相关技术的支持，媒体与技术紧密相关，媒体发展的历程也就是科学技术的发展历程，如印刷术与书籍报刊、无线电技术与广播、声像技术与电视、计算机技术与网络。一般来说，大众传播媒体须有稳定的信息源，电报、电话、传真都不符合上述条件。大众传播媒体是面向大众的媒体，现今雷达、遥测、遥控等技术主要面向“物”而非“人”，起作用的领域很不相同。因此，唯有报纸、广播、电视、互联网络发展成为举足轻重的大众媒体。互联网络继报纸、广播、电视之后被称“第四媒体”，其发展之迅速大有综合、取代传统媒体的趋势。

“第四媒体”有广义和狭义之分。广义的“第四媒体”指的就是互联网。但是，互联网并非仅有传播信息的媒体功能，它还具有电子邮件、电子商务等重要功能。因此狭义上的“第四媒体”是指基于互联网这个传输平台来传播新闻和信息的网站。

二、媒体与艺术

（一）媒体与艺术

人的活动是一种信息传播和交流，信息传播离不开传播媒体。艺术活动也不例外，艺术史也即媒体传播史。艺术作为一种意识形态，离不开一定的物质媒介。从社会的角度来看，媒介分为人际传播媒介和大众传播媒介，大众传播媒介又分为印刷媒介和电子媒介。大众传播媒介社会化的结果是印刷媒体和电子媒体的诞生。

这里的媒介有两层意思：一是作为艺术得以存在、显现、外化的物质媒介，如文学的语言、绘画的色彩线条、舞蹈的形体动作等；二是作为艺术得以传播的大众媒介，即媒体。对艺术而言，前者是至关重要的，是艺术家的情感得以表达、宣泄的不可缺少的因素，从某种角度上说，艺术的创作过程就是艺术家寻找物质媒介塑造形象的过程。

从一定意义上说，艺术的历史就是一部传播媒体演变和进化的历史。比如，文学艺术的传播，最早是靠口耳相传，口头传播的文学艺术稍纵即逝，无法保证传播质量，无法准确无误地“拷贝不走样”。文字诞生后，靠手抄，但传播的范围非常有限。印刷术发明后，印刷媒体迅速成为文学艺术的传播载体，人类视觉艺术的保存、传播有了大的突破。电影、电视的发明使人类的视听艺术蓬勃发展，人类开始有了全新的视听享受。计算机技术的进步，使虚拟现实成为可能，也创造出一种更为新鲜的具有“视听触”享受的综合艺术。

报刊、图书等是纸张介质的传播媒体，广播、电视是电子介质的传播媒体。从口头传播到文字传播再到电子传播，艺术传播的范围越来越广，效率越来越高。目前虽然几种传播方式并存，但口头传播只占很小的比例，以这种方式传播的民间歌谣、神话、传说、史诗等，只存在于边远的地区。报刊、图书易于保存，可以随身携带，广播、电视传播范围广，接收灵活，及时迅速。长久性是对时间的超越，快速性是对空间的超越，扩散性是对社会阶层的超越。同时，互联网络传播还将信息传播的实时性与延时性、静态传播与动态传播很好地结合在一起。

同样是视听艺术，电影、舞台艺术与广播和电视艺术在传播速度、传播范围、传播效果上有很大的不同。与电影和舞台艺术相比，以广播、电视为代表的现代化电子媒介在传播上没有边界，覆盖面积比剧场和影院大得多；在传播速度上更为快捷，可以把正在剧场或演播厅演出的节目同时传达给现场之外的听众和观众；在传播效果上，它可以利用实景、真实的音响和特写镜头把艺术形象表现得更为逼真、生动。舞台艺术和电影的视听对象是剧场中的观众，而广播电视的视听对象是一个人或一家人，是个体而不是群体，这使得电视节目主持人的表演与舞台演员的表演截然不同。电视节目主持人使用的是生活化的口语，具有近距离、低声调的特点；电子媒介传播的对象是处于休息状态、精神上更为松弛的人。

多媒体技术是在 20 世纪 80 年代中期以后出现的一种新型电子传播技术，它以光盘为存储介质，具有超大记忆容量，它的使用让电脑开始具有声光动画的魅力。多媒体技术是指人类通过计算机综合处理文字、图形图像、影视和声音等信息的一种新技术，它可以把电话、电视、音响、录音、录像、传真等设备融为一体。多媒体具有综合性、实时性、交互性等特点，并且可以通过互联网络实现其多媒体功能。

网络多媒体技术的基础是多媒体通信技术，它是多媒体技术和网络通信技术相结合的产物。多媒体技术是多种信息类型的综合采集、处理、存储、传输和显示以及控制技术，再通过通信技术网络把多媒体信息的采集、处理、存储、传输和显示以及控制技术高度一体化地综合在一个系统之中。多媒体计算机通信网络实际上就是多媒体信息采集技术、处理技术、存储技术与多媒体信息显示、控制技术高度综合形成的网络系统，它大大地增强了计算机网络的服务功能，更好地适应和满足了人类社会对各种信息服务的多媒体需求。

（二）当代艺术与传媒

史前时代，人类的艺术活动便产生了，但其艺术活动基本上随着原始人个体的死亡而消失，这并非因为原始人的艺术没有物质表现手段和物质媒介，而是因为其传播媒体的限制。留存至今的只有旧石器时代的洞穴壁画和新石器时代的陶器，因其借助的传播媒介是可以穿越时间的坚硬的石头、陶片、骨片等。

印刷传播尽管也给某些艺术带来了负面影响，但第一次解决了以前艺术传播中纵向断、横向窄的难题，而且在艺术传播史上占据了相当长的时间，并改变、左右着艺术发展生态。原本是艺术之一的文学由于其物质媒介是语言文字，切合了印刷传播媒体的特性，在艺术中居于龙头老大的主导地位。到了广播电视电子传媒时代，艺术生态再一次被扭转，音乐在广播中取得了很好的传播效果，声音得到了纯正的还原。广播、电影、电视的普及，传播媒体直接诉之于人的视觉听觉器官，不再受到印刷媒体识字门槛的限制，艺术走向大众化。文学的龙头地位受到冲击，以视听为主的绘画、音乐、戏剧等艺术得到了飞速发展，还催生出了电影、电视等新的艺术样式。

网络媒体已经深入我们社会生活中的每一个角落，它影响着我们观察、思考和感受艺术的方式，它重新定义艺术观念和艺术创作，并改变人类经验的某些重要方面。在过去的60年里，以计算机为代表的信息技术极大地推动了社会的发展。计算机以其高速精确的计算、海量的存储空间、丰富的色彩表现为展示艺术、保存艺术、创造艺术、发展艺术提供了广阔的舞台。在艺术的生产、流通、消费过程中，传播媒体一直与之发生着关系，即使在最落后的传播方式中，人们口头的价值判断和品评，也影响了艺术的生产、流通、消费。随着传媒业在20世纪的发展，传媒与艺术的关系表现得越来越紧密，也越来越复杂。艺术界或艺术家将更多地利用媒体来宣传和造势，以期利用这样的桥梁，沟通艺术与受众。在近10余年的艺术发展中，“媒体艺术”也逐渐露出水面，并被公众接受，这为人们认识艺术与传媒的关系添加了新的内容。

不管是大众媒体还是专业媒体，限于中国目前的体制，它们都只能在体制内运转，并受到严格的管理。而网络这种媒体形式的出现，从一开始就完全脱离了旧的体制而表现出挣脱管理的特性，当人们发现它过于自由的言论需要管理的时候，网络语言的自由性特征已经成为人们的共识，严加管理显得力不从心，不管又好像是守土无责，所以管与不管都没有太多的意义。网络媒体在艺术领域表现出与主流媒体在导向上的分离，甚至有时表现出针对性，这种状况在现阶段不仅成为主流媒体的一种补充，也为艺术的百花齐放增添了可能性。

21 世纪的中国艺术，在多样化的表现中，显现出异彩纷呈的繁荣景象。旧有的在发展，新生的层出不穷，艺术观念的变化在人们猝不及防的时空中悄然进行。这些艺术现象的产生和艺术状况的存在，无疑都与传媒有着直接的联系。传媒的发展需要艺术的内容和谈资，当代艺术的多样化发展，不仅吻合了传媒发展的多样性，也为传媒的发展增加了动力。这种相辅相成的格局，构筑了当代艺术与传媒的特殊关系。

媒体的影响力还折射出当代艺术高度社会化的特征。相对于过去艺术家的个体生产，当代艺术在社会关系中虽然没有改变这种个体生产的特性，但是，对艺术家来说，创作出作品后，很少是完全地孤芳自赏，只有通过社会交流才能显现出价值。媒体的作用和影响发生在艺术交流的每一个时期和每一个阶段，也说明了艺术与媒体的紧密联系。如在美术领域，大众传媒中的报纸类媒体一般都有副刊或美术专版，常年报道美术新闻，宣传美术事件，评论美术作品，介绍美术家和作品，以大众媒体中的专业角色，参与到美术活动之中。

利用媒体是当代艺术活动的特色之一，很难想象没有媒体参与的当代艺术活动是什么状态。大众媒体中，成本最低、性价比最高的无疑是网络媒体。媒体与艺术展览、艺术活动的互动配合，成为艺术活动的一个有机组成部分。高度发达的媒体不仅普及了艺术的基本知识，疏通了艺术与大众之间的关系，而且推动了现当代艺术的发展。媒体是一只无形的巨手，导引着一般受众的审美归宿，也决定了艺术信息的获取，还有可能左右艺术市场价格和市场行情。

任何媒体都离不开媒体从业人员，媒体人的素质不仅会影响媒体自身的质量，也会作用于相关的行业。大众媒体中一般都有专门负责艺术内容的编辑和记者，他们的素质（特别是其艺术素质）直接关系着媒体中的艺术内容。而媒体内容的平庸、批评的无力，不仅表现出当代大众媒体整体水准的下降，还反映出媒体自身的一些问题。而大众媒体中的艺术评论有的缺少基本的专业水准，有的盲目吹捧哄抬，使艺术的导向出现问题，也为大众正确认识艺术设置了障碍。诸如恶搞、猎奇、戴帽、跟风、炒作等现象，不仅使传媒失去了应有的社会责任和文化品位，在媒体推动艺术发展的同时，也成为消解艺术的工具。

第二节　新媒体艺术后现代主义表现形式

一、美学转向与艺术“终结”

（一）美学转向与艺术的“终结”

全球化语境中，美学转向成为一个不争的事实。美国学者理查德·舒斯特曼和德国学者沃尔夫冈·沃尔什对“全球化”语境和“市场化”氛围中出现的生活审美化与审美生活化的动向及特点特别关注，主张突破以往那种脱离生活实践而只局限于艺术领域的狭义美学模式。在舒斯特曼看来，审美活动本来就渗透在人的广大感性生活之中，它不应该，也不可能局限于艺术的狭窄领域；相应地，美学研究也不应该局限于美的艺术的研究，而应该扩展到人的感性生活领域，特别是以往美学所忽视的人的身体领域和身体经验领域。就此，舒斯特曼提出应该建立“身体美学”。他认为，不能将哲学视为纯粹学院式的知识追求，应当看作是一种实践智慧、一种生活艺术；哲学与审美密切相关，传统的哲学应该变成一种美学实践，应该恢复哲学最初作为一种生活艺术的角色。美学不再是极少数知识分子的研究领域，而是普通大众普遍采取的一种生活策略。因此，要重新理解审美与实践之间的关系，把美学从对美的艺术的狭隘关注中解放出来，美学已经失去作为一门仅仅关于艺术的学科特征，成为一种更宽泛更一般的理解现实的方法。这对今天的美学思想具有一定的意义，导致了美学学科结构的改变，使美学变成了超越传统美学，包含在日常生活、科学、政治、艺术和伦理等之中的全部感性认识的学科……美学不得不将自己的范围从艺术问题扩展到日常生活、认识态度、媒介文化和审美——反审美并存的经验。更有意思的是，这种将美学开放到超越艺术之外的做法，对每一个有关艺术的适当分析来说，也被证明是富有成效的。

舒斯特曼和沃尔什都认为，审美渗透在感性生活领域，生活审美化和审美生活化是一个普遍趋向，全球正经历着全面审美化进程。面对这种现实，他们从重新解读鲍姆加通寻求突破传统的狭义美学的框框出发，发掘鲍姆加通“美学”的“感性学”含义，将美学研究范围扩大到感性生活领域，使美学成为研究感性生活和广大审美活动的学科，成为一种“身体实践”，成为“第一哲学”，成为一种更宽泛、更一般的理解现实的方法。现在的确出现了某些方面、某种程度的审美生活化和生活审美化、艺术与生活界限模糊的现象。

与此同时，继 20 世纪的西方哲学“语言转向”之后，当代社会正面临着“视觉文化转向”。我们生活在一个图像时代，生活在视觉文化的包围之中，视觉文化霸权几乎无所不在。丹尼尔·贝尔认为：“目前占统治地位的是视觉观念。声音和影像，尤其是后者，组织了美学，统率了观众。在一个大众社会里，这几乎是不可避免的。”法国“新小说”代表人物娜塔丽·萨洛特认为由于电影的挤压，“现在读者不能再在小说中寻求轻松的消遣……他们对栩栩如生的人物和故事情节的爱好，从电影中就能得到满足”。但好景不长，以震撼为特征的电影辉煌不过半个多世纪，便不得不面对以沉浸体验为特征的电子游戏，电影似乎不可避免地将步小说的后尘。

媒体的变化是人类文化发展的根本原因和动力，人类文化自产生以来，其媒体形式在本质上表现为不断抽象化的过程，而这种抽象化是通过两种基本方式，即图像和文字来进行的。早期人类文化是以“图像文化”（二维空间性思维）的形态存在的，但文字（一维线性思维），特别是印刷术产生以后，“文字文化”渐渐发展壮大，并逐步取代图像文化，成为人类文化的核心，图像文化则退居次要地位。电子数据处理技术的发明和计算机的出现带来了人类文化形态“哥白尼”式的转折，标志着“文字文化”以及所包含的“平面绘画最终退出历史舞台”的进程的开始。在数字化时代，文字及平面图像日益失去领先地位，电脑屏幕逐渐取代书本、画布，成为最基本、最重要的文化传播媒介。

网络既是一种媒体，也是一种技术。它对艺术的影响不仅限于传播的角度，而且这种影响是全方位的。从媒体的角度考察网络对艺术的影响是有限的，从技术的角度考察网络对艺术的影响是宽广的。

网络媒体彻底改变了人的视觉、思维、行为和认识方式，它的全面普及将导致以文字和平面图像为基本媒介的文化形态让位于以人工思维和数据处理为基本形态的多媒体影像文化。设想在未来，以书的形式和平面图像为主要存在形态的文章和绘画艺术或许将逐步消失，文字和绘画将仅仅成为历史学家和考古学家研究的对象，或茶余饭后追思、消遣的谈资。未来的文学艺术将以多媒体影像方式存在，构成要素仅仅是数据和代码。这将彻底改变文学艺术以文字代码和平面图像为基本单位的思维方式，使艺术创作成为一种数据处理和电脑图像制作与合成的特殊方式，一种以无穷无尽的图像制造与合成的游戏或人工智能形式操作的游戏，文化、艺术进入了数字化生存状态。你会看到那些运用视频和音频的艺术家，再不像传统艺术中的艺术家那样在画室里手握画笔，搅拌颜料，涂抹着画布，而是手持数码相机、录像机进行现实信息采集，然后坐在电脑设备前，手按鼠标键盘，组合着图像和声音、文字，操作着数字界面重新编码，生成画面，储存为数据，复制成光盘，瞬间进入市场及家庭数字终端。在他们面前，电脑屏幕成了新画布，数码仪器成了画笔和颜料。

科学技术强大的创造能力及其对观念形态的直接操纵，必然影响和改变观念形态的艺术。现代科学技术的发展一方面刺激了人的科学热情，在相当程度上培养了人的科技意识和科学思维，促进了人对科技新成果的渴求和重视，这就为科学技术在一些领域中的应用创造了外部条件；另一方面也为新的艺术种类的出现提供了直接的、必不可少的技术基础。因此，几乎每一种新艺术形式的产生都以某种新技术的问世为基础，网络艺术就是其中的一个突出的例子。网络艺术本身无论是技术含量还是存在形态都与以往的艺术种类如文学、绘画、音乐、舞蹈有着根本的不同，尽管这些艺术形式也在不同程度上依赖技术，但是离开这些所谓的技术条件仍然可以存在，而网络艺术却不可能脱离技术而存在。网络艺术是科学技术发展到一定阶段的产物，是伴随着科学技术的高速发展而产生的艺术形式；网络艺术是以一定的科学技术为基础的具有强烈技术色彩的艺术形式；网络艺术是一种建立在新型媒体（网络）上的艺术形式，是以新兴媒体为载体、依托、手段，集艺术创作与多媒体技术于一体的艺术形式；网络艺术是科学技术与艺术彼此融合的新概念艺术。网络艺术作为现代艺术中的综合门类，艺术表现形式远远超出了传统艺术的范畴，融合了图形、图片、文字等视觉因素和听觉因素，而且具有交互性特点。这些基本的视听觉要素的使用不是像其他艺术种类那样由人直接加工、处理，而是由人来借助具有决定意义的技术工具（高科技工具）来处理。网络技术作为一种技术手段或技巧也融入艺术中，甚至在某种意义上可以创造出新的艺术特性，使得艺术本身明显呈现出具体的技术形式和技术韵律。网络艺术所涉及的技术范围非常广泛，技术越来越具体、直接地参与艺术活动，使得科技人员在创作过程中发挥着越来了越大的作用，在艺术创作中起着举足轻重的作用。网络艺术并不能作为独立的个体艺术形式而存在，它不具有独立的观赏性，其艺术作品必须服从于数字技术，如果没有技术的参与，网络艺术就荡然无存。

网络给艺术带来新的表现手段和表现方法，丰富了艺术的表现内容，更新了艺术观念，开启了艺术家原本无法触及的领域和长期封闭的灵感边缘，使我们的艺术思维能力得到了提高，使我们的创意思路更为大胆，创意触点更为广泛。此外，由于网络艺术对技术手段的依赖，被技术的规则限定，艺术主体在一定程度上无法适应技术自身的逻辑和要求，艺术常常成为人对技术特性的理解和展示，弱化了艺术本身目的性的东西，甚至臣服于技术。

（二）后现代主义与网络艺术

后现代主义与网络艺术存在内在共同性或一致性，网络艺术与后现代主义从本质上说是血脉相连的。在后现代社会里，网络艺术从边缘走向中心，逐渐成为艺术的主要形态之一。后现代主义是网络艺术的哲学、思想理论基础，网络艺术则是后现代主义理论的现实化。因此也可以说是后现代主义给网络艺术提供哲学和美学支撑，从根本上来讲，后现代主义艺术的特点网络艺术也具备。

传统艺术的一个重要特点是追求“深度”和“全面”，以全面再现或表现社会生活为目的,如巴尔扎克的《人间喜剧》就是19世纪法国社会的“百科全书”。而后现代艺术则不再追求这种深度，也不再追求全面。它就是一个文本，一些言说，一些形象。在绘画上立体三维的透视法不再被视为金科玉律，在文学中不再表现什么深沉的意义。由于对深度模式的拆解，后现代主义艺术不再需要传统意义上的艺术批评，因为它并不表达什么意义，意义在它那里只是一个虚位，后现代主义艺术只有文本，没有意义，因此，它不能解释，只能体验。网络游戏追求的就是过程，结论只是一个游戏的暂时结束，背后没有承担、没有意义、没有刻板的说教，玩家不需要去解释它，只需要体验它。

弗雷德里克·詹姆逊在他的《文化转向》中认为，文化领域中后现代性的特征之一就是形象生产。随着电子媒介和机械复制的急剧增长，形象文化已成为公共领域的基本存在形态。形象文化生产不再局限于它早期的、传统的或实验性的形式，而且在整个日常生活中被消费。

后现代主义艺术的主要形式是影视，更确切地说是电视。这种艺术形式与传统的任何一种艺术形式都不同，即使同样作为视觉艺术的绘画和雕刻，形象在它们那里所代表的意义也与在影视艺术中根本不同。概括地说，绘画和雕刻作为一种空间艺术，它是从时间的“长河”中选取某一点，把它固化下来。换言之，它们是对历史的某一点的再现。这一点看起来是凝固了的，只在一个有限的空间之内，但实际上，可以说它所表现的空间是无限的。因而它可以充分地激发人的想象，表达某种思想或情感。影视则主要是一种时间艺术，在时间展开中叙述所发生的事情。特别是电视，它对传统艺术的消解，对想象力的限制是所有艺术中前所未有的。如果说，电影还是一门艺术，电视在很大程度上已经主要是一种娱乐手段了。

后现代主义艺术是一种复制的艺术。现代主义艺术特别重视作品的深沉价值或思想，因此它有原作与摹本的区别。摹本的价值与原作相比，差了很多，因为它是复制，是模仿，缺乏原创性。不能充分地体现作者的主体性和创造性，而高扬主体性和创造性正是现代社会最重要的特征，是它立足的哲学基础。后现代主义艺术则不再强调原作与摹本的区别，有些后现代艺术甚至是没有原作的，如沃霍尔的画。工业产品由流水线复制出来，商品是复制的，艺术是复制的，照片可以复制，甚至生活方式也可以复制，如室内装修、时装。

由复制所导致的是类像。在一个充满类像的社会里，真实感消失了。真实感的消失是与都市化生活方式相连的。在农村，人们不会产生虚幻感，因为有坚实的土地做依凭。都市中的密集却相互不认识却又有非常关联的人群，紧张忙碌的生活方式，使人们追逐形象，而形象的爆炸、类像无处不在。并不是把形象作为对某种思想、情感或观念的说明，或是通过形象的创造表达某种人的深刻感悟，而仅仅是为形象而形象。

二、媒介狂欢与网络艺术

网络媒体作为一种新型的媒体，在语言程式、本结构、语言活动等方面都表现出新的美学特征。

（一）狂欢化的媒介语言程式

人类的传播史分为几个阶段。最早的传播活动是通过非语言符号（如体态语等）来进行的，可以称为潜语传播。后来由于工具的使用，非语言符号得以采取物化的形式。在这种意义上，体态语转化为绘画等传播手段，实物传播由此产生。语言传播本身又经历了口语传播和书面传播两个时期，二者的分水岭是文字的发明，书面传播是人类文明的主要传播方式。

潜语传播、实物传播、语言传播都是诉之于人的某种或几种感觉器官，后来人们发明了脱离人体感觉器官的传播技术——电子传播。电子传播依靠电磁媒介，其优势在于信息转化为电磁信号后可以通过有线或无线的方式传送，其携带的信息内容之丰富、传播范围之广泛、传播速度之快捷，是以前任何一种传播方式都无法比拟的。信息本身是多元复合的，但为了信息的便利传播却被分割拆解或被抽象了，而电子传播力图运用新的技术手段复活信息的整体性，从最早的电报、电话、传真到电视、可视电话，都显现出这种努力。但限于技术条件，这种努力一直到网络媒体的出现才得以实现。网络借助光纤，具有了更宽的信息通道，其数码技术具有更高的信息还原性，费用低廉，便于普及。网络媒体集文字、声音、图形、影像、动画于一体，具有极强的综合性，多种媒介的结合创造出了信息的审美空间。

任何媒体都需要借助一定的媒介手段，不同的媒介手段形成了不同的媒体风格和审美特征。比如，报纸媒体以文字为媒介诉之于人的视觉器官，广播媒体以声音为媒介诉之于人的听觉器官，电视媒体以画面、声音为媒介诉之于人的视听觉器官。一般来说，报纸媒体的风格适宜深度传播，广播媒体强调传播的时效性，而电视媒体增强的则是人的现场感。

多种媒介在网络中镶嵌、混合，衍生出一种新的媒介语言——“网语”，在网络聊天、网络文学、网络评论（灌水）中大量出现将文字、图形、符号、声音、动画杂糅在一起的网络语言，这些语汇有的来自对传统语汇有意的

"误用""转借""引申""缩写"，也有网络约定俗成的新发明。网络媒体借助这种网络语言，具备了简洁明快、形神兼备、舒畅情性、体验游戏等审美特性。

（二）网络语言的基本特征

随着信息化浪潮和网络媒体的盛行，网络语言不仅在网络的虚拟空间大行其道，而且大有逐渐渗入现实空间的趋势。在网络新语境中，网络语言呈现出非常强烈的后现代文化内涵。

众所周知，语言作为文化的载体或某种外在表现形式，其发展演变受到文化的巨大影响。因此，要深刻地理解把握一种语言形式，就应该去探寻这种语言形式的文化内涵。我们这个科学技术高度发达、物质生活异常丰富的社会，西方后现代主义理论家称之为后现代社会，其文化思潮被称为"后现代主义"——怀疑、拷问、批判现代性，并力图超越现代性的一种文化思潮。

1. 自由解构现有的语言规范，体现了后现代"去中心""去权威"的文化精神

在传统观念中，语言是上天赋予人类的一种最神奇的力量，这是人和动物的区别之一。正因为有了语言，人才能自由地表达自身的思想和感情，人类的全部文化才得以产生和流传不绝。他们认为，语言并不能让人自由地表达自身的思想和感情。语词的含意、语法规则都是前人制定的，模式化、规范化的语言根本不可能贴切地表达出每个人独特的思想、情感。语言的这种特性使得人们把自身的独特性压抑到深层次的潜意识中。后现代主义认为，现代社会是一个以独断论和中心论为基础的权威话语世界，极大地束缚了人们的思想。人类只有对这种僵化的中心话语模式加以消解，才能够走向自由的精神王国，才能够获得崭新的生命体验。于是对权威话语的载体——语言进行批判就成为后现代主义理论家的必然选择。德里达说："从意义世界产生的那一刻起，人类世界除了符号外别无他物，我们只能

借语言符号来思想。”詹姆逊也指出，人生来就陷在“语言的牢笼”之中。在他们看来，要冲出这“语言的牢笼”，就必须突破既有的、传统的、权威的语言模式和规范，进行不断的创造和更新，使语言文字不再作为约束思想表达和自由创造的手段，反而要使它成为人类向自由王国过渡的一种符号阶梯。互联网的出现给人们向自由王国过渡提供了一片宽阔的土壤。

网络“博客”、BBS上大量的“灌水”类文章不必像写高考作文一样字斟句酌，没有人对这类文章过分认真，甚至用词造句的常识性错误也没人在乎。QQ和MSN之类的即时聊天软件更是语言的随意言说与挥洒基地。它解除了现实中的条条框框，解放了现实中的各种约束。网际交流不受传统媒体制约、无视权威语言规范，它释放出人们被语言压抑的深层心理中的叛逆意识。网络上自由地解构语言规则和重新编码的随意行为，让人们体验到了某种藐视、突破和颠覆既有语言权威带来的快意，也使网络语言呈现出了一种自由、大胆、反叛、创新的独特面貌。

2.“数字化”“计算机化”的知识特征

网络的基础是计算机，计算机的基础是数字技术。“数字技术”也就成了“信息技术”的代名词。“数字”信息在我们今天的生活中占据着非常重要的地位，尼葛洛庞帝的《数字化生存》为我们描绘出一幅现在已经开始未来更加光明的前景。他的“数字化生存”概念认为，我们已经进入了用计算机、多媒体、互联网等元素重新构建起来的数字化生存环境，比特（byte，字节）将成为信息的DNA，成为人类社会的基本要素。数字化生存将使人类生存和发展带上数字文化的烙印，人类各种活动（政治、经济、军事、文化）都将与数字相连，数字将成为人类生活的主宰。利奥塔也在《后现代状况》一书中指出，后现代时代知识的性质发生了很大变化，最突出地表现在两个方面，一是知识的量化和可操作性，二是知识的商品化。知识的量化和可操作性主要是指为了适应新的研究方式和传播方式，知识应具有可操作性，即能够被计算机转化成信息，不能被翻译成信息的知识会被抛弃。在后现代主义看来，一切知识都应该是数字化、计算机化的，不能被数字化、计算机化的知识，可以说就不再是知识。

网络语言中的数字语虽然并不构成完整的语言体系，但它无疑在向人们传递文字是可以用数字来替代的信息。网络语言由此也突出体现了后现代“数字化”“计算机化”的知识特征。

第三节　新媒体装置艺术与网络艺术

艺术是基于一定媒介的，新媒体艺术逾越多种媒介，融合了科学技术、美学、文学辑学、心理学和行为学等，多媒介的融合激发着艺术家的想象力，探索着艺术的多种可能性，利用先进的科学技术及与其他学科的融合来重构并丰富艺术表达。新媒介和新技术改变着人们的生活模式和意识形态，自上而下地冲击着艺术的观念和形式，艺术进入一个全面倾覆和革新的层面。新媒体艺术强调受众的参与度，交互性为其主要特征，新媒体艺术家不仅创作艺术作品，还创建受众与作品的交互过程。受众参与艺术的方式由传统的单向传播向双向沟通转变，在人机交互的基础上，跨学科、跨领域、跨媒介与新技术不断碰撞、融合，形成显、隐和显隐共生的艺术形态。

新媒体艺术不同于现成品艺术、装置艺术、身体艺术、大地艺术等现代艺术。新媒体艺术是一种以光学媒介和电子媒介为基本语言的新艺术学科门类，建立在数字艺术的核心基础上，亦称数码艺术，表现手段主要为电脑图像 CG（computer graph）。新媒体艺术的范畴具有“与时俱进”的确定性，主要是指那些利用录像、计算机、网络、数字技术等最新科技成果作为创作媒介的艺术品。新媒体艺术已经在不经意中，深入当代艺术的各个领域中去了。

一、网络艺术的定义

（一）网络艺术的定义

网络艺术有时被严格地区分为网络上的艺术和网络艺术两个概念。网络上的艺术是指借助网络媒体传播的传统艺术。如中外名著通过手工录入或者扫描仪OCR识别数字化后搬到网络上，电影、戏曲等影像艺术经过数字转化、压缩后保存到网络服务器硬盘中。网络艺术是指在网络媒体上传播、以数码技术为基础、具有交互特征的多媒体艺术形式。如网络文学（狭义的）、电子游戏、FLASH动画、交互电影等。前者是广义的网络艺术，后者是狭义的网络艺术。

20世纪初，当电影叩响艺术之门的时候，人们还未认识到它将成为一种风头最劲的艺术样式。随后广播电视艺术的异军突起，使现代声、光、电技术一举步入艺苑中心，历史悠久的传统艺术因此而随之失色。50年代以来迅猛发展的计算机技术和60年代以来日新月异的网络技术，更是以迅雷不及掩耳之势促使艺术世界格局发生了根本性的变化。

网络艺术是数字信息技术与网络技术发展到一定程度的产物，它融合了数字处理技术、现代通信技术、网络传输技术、多媒体技术等学科知识，具有明显的跨学科“杂交”的形态。

（二）网络上的艺术和网络艺术

网络上的艺术是借助网络媒体传播的传统艺术。尽管因为传播媒体的变迁，艺术特性有了一定的改变，但根本属性没有变化。如纸上印刷的《红楼梦》与网络上的《红楼梦》的艺术特性并没有根本的区别，网上看《手机》与电影院看《手机》也未见得有多大的差异。广义的网络艺术并没有引起人们太多的注意，因为在一般人看来，在电脑屏幕上看电影、电视与在影院看电影、电视机前看电视没什么区别，在屏幕上看文学作品与在书上读文学作品差异甚少。但狭义的网络艺术所带来的冲击则是剧烈的。当计算机仅被艺术家当作创作工具的时候，它带给艺术的仅是效率和便利，其变化还属于量变的范畴。多媒体和网络技术的出现则颠覆了传统艺术。网络成了艺术传播、展览的主要场所；数码复制成为举手之事，原本与摹本界限消失；网络代替了博物馆、艺术馆，改变着传统的艺术体制。

网络艺术最先是从艺术工具的变革开始的。计算机数字技术具有模拟技术不可企及的特点，文学、音乐、绘画、电影、摄影、艺术设计等传统艺术纷纷“鸟枪换炮”。艺术类计算机应用软件层出不穷，功能日益强大。许多软件具有绘图、三维动画、数据统计、资料检索功能，一些特殊软件甚至能自动进行文学创作、动画生成、谱曲演奏、虚拟现实，计算机已经成为艺术家离不开的创作帮手和伙伴。

人类从诞生到现在，最庄严的主题就是生存与发展。从游牧到农耕，从手工作坊到机器化大生产，人类的生活从来没有像工业化后那么舒适，然而新的一轮生存问题又摆在人们面前：过渡的商业化助长了人们内心的无耻与贪婪，扭曲了人性最朴素的道德观和价值观；先进的科技与社会化的分工使每个人都可以独立存在，依赖社会群体的作用越来越淡化；虽然人与人的距离不再遥远，但是每当面孔熟悉得不能再熟悉的时候，不也恰好正是心灵陌生得不能再陌生的时刻吗?

网络伴随着计算机（俗称电脑）而诞生，网络艺术最早也可以追溯到计算机那里。计算机本来就是作为一种计算的机器诞生的，精通计算机技术的科学家当然也不会忘记用它作为艺术的工具。20 世纪五六十年代国外就开始运用计算机进行音乐、诗歌、绘画等艺术创作尝试，并一发不可收。

20 世纪 80 年代以来，随着个人计算机开始普及、各种艺术创作软件的开发，以交互为特点的计算机艺术进一步发展。进入 90 年代以后，随着多媒体技术的进步，计算机除了能向人们传递数据、文字、图表、静止图像和动画外，还具备传递动态的音频和视频信息的能力，多媒体艺术开始大行其道，多媒体技术在影视和游戏领域的广泛运用成为最具特色也是最为兴盛的两个发展方向：在动画片《阿拉丁》中，画家用手工画了几幅代表一定情绪的长方形草图，然后创作人员将这些草图以数字化形式输入计算机，根据需要对长方形做各种三维空间内的形状和运动变化，再加入丰富的色彩和纹理，一条表情丰富、姿态灵活的魔毯出现了。类似的多媒体数字技术发挥重要作用的电影特技镜头还有《侏罗纪公园》中四处狂奔的恐龙，《阿甘正传》中万人聚会的盛大场面、肯尼迪总统与主人公亲切交谈的画面，《泰坦尼克号》中重现活力的巨型游轮、海水、烟雾、云、船乃至人，有60%都由电脑合成。此外，在《面具》《勇敢者的游戏》《真实的谎言》《未来水世界》《狮子王》《飓风》《玩具总动员》等一大批影片中都运用了大量的多媒体数字艺术手段。

20世纪90年代中后期，随着信息高速公路的建设，网络的普及，计算机艺术开始向网络艺术迁移。与各自为战的计算机相比，网络具有的独特优势为传统艺术，也为计算机艺术的发展提供了更广阔的空间。

网络生存已经成为人类无法选择的生活方式。就像人们只能接受计算机成为人类生活中必不可缺的一部分一样，人们所能做的就是不断调整人与机器的关系，去创造在新的生活方式中所需要的新的情感与价值认知。计算机从诞生之日起，人们就在研究它、改造它，让电脑为我所用，建立一种“人机和谐、以我为主”的新型关系。

参考文献

[1] 姬宇晴 . 数字媒体艺术的应用 [M]. 昆明：云南美术出版社 , 2022.

[2] 李洋 . 数字媒体艺术文化传播研究 [M]. 长春：吉林摄影出版社有限责任公司 , 2022.

[3] 王丽君 . 数字媒体影像视听语言 第 2 版 [M]. 北京: 清华大学出版社 , 2021.

[4] 陈京炜，韩红雷 . 向煜而生——动画与数字媒体教育教学研究 [M]. 北京：中国传媒大学出版社有限责任公司 , 2021.

[5] 刘涛，陈娟娟 . 数字艺术在现代设计中的应用研究 [M]. 昆明：云南美术出版社有限责任公司 , 2021.

[6] 王慧萍 . 虚拟现实设计——三维建模 [M]. 厦门：厦门大学出版社有限责任公司 , 2021.

[7] 韩晓作 . 互联网 + 背景下的数字媒体艺术教学研究 [M]. 北京：新华出版社 , 2021

[8] 刁玉全，皇甫晓涛 . 数字媒体广告创意 [M]. 上海：上海大学出版社 , 2021.

[9] 张炜 . 数字媒体艺术研究与实践 [M]. 长春：吉林美术出版社 , 2021.

[10] 王英丽 . 数字媒体艺术设计与元素表达 [M]. 长春：吉林出版集团股份有限公司 , 2021.

[11] 温莉莎 . 动漫设计中数字媒体艺术创新与应用 [M]. 长春：吉林摄

影出版社 , 2021.

[12] 张安妮 . 数字媒体艺术理论与实践 [M]. 北京：新华出版社 , 2020.

[13] 徐晨 . 数字媒体技术与艺术美学研究 [M]. 北京：北京工业大学出版社 , 2020.

[14] 尹秉杰，李抒燃主编 . 数字媒体艺术 [M]. 成都：电子科技大学出版社 , 2020.

[15] 朱雯 . 数字媒体艺术设计原理与创作研究 [M]. 南京：江苏凤凰美术出版社 , 2020.

[16] 林彩霞 . 走进数字媒体 [M]. 北京：机械工业出版社 , 2020.

[17] 田雁飞 . 数字媒体技术与当代艺术设计教育融合与发展 [J]. 河北画报 ,2023(8).

[18] 任晓岩 . 数字媒体艺术与传统艺术的融合 [J]. 营销界 ,2020(35)：95-96.

[19] 刘曼 . 数字媒体艺术设计与中国传统元素的融合发展分析 [J]. 文艺生活 (艺术中国),2020(2)：128.

[20] 宋婷婷 , 杨培 . 数字媒体技术与数字媒体艺术的有效融合 [J]. 文艺生活 (中旬刊),2019(8)：19.

[21] 杨莹 . 数字媒体艺术与传统艺术创作的融合途径探析 [J]. 文艺生活 (文海艺苑),2018(11)：35.

[22] 杨梦园 . 数字媒体技术与当代艺术设计的融合思路窥探 [J]. 科技风 ,2019(34)：93.

[23] 郑海滨 . 数字媒体跨学科人才培养模式中技术和艺术融合的分析 [J]. 课程教育研究 ,2017(18)：2.

[24] 杨丛笑 . 数字影像艺术与媒体融合分析 [J]. 河北画报 ,2022(14)：160-162.

[25] 黄丽 , 贾晖楠 , 黄佐 . 新数字媒体虚拟技术与应用策划展示的融合研究 [J]. 数字通信世界 ,2021(12)：192-193，251.

[26] 李东宇 . 数字媒体艺术设计对传统艺术设计的影响 [J]. 艺术品鉴 ,2021(23)：97-98.

[27] 肖雷 . 非遗传承与高校数字媒体艺术专业融合发展研究 [J]. 教育信息化论坛 ,2022(19)：63-65.

[28] 宋娜 . 探析数字媒体艺术设计中传统元素的应用 [J]. 鞋类工艺与设计 ,2022(3)：65-67.

[29] 李然 . 基于数字媒体技术的艺术教育的“技”与“艺”[J]. 数字通信世界 ,2022(1)：156-158.

[30] 周雨瑶 . 当代舞台艺术中的数字媒体技术 [J]. 艺术家 ,2019(10)：66.

[31] 张莹莹 . 传统影视艺术与全新数字媒体的冲突与交融 [J]. 中国传媒科技 ,2021(9)：71-73.

[32] 刘欣 . 数字媒体艺术设计的特征及对传统艺术设计的影响 [J]. 甘肃科技 ,2020(9)：58-59.

[33] 周锦 , 夏仿禹 . 数字经济下传统艺术的文化产业价值链创新研究 [J]. 艺术百家 ,2022(1)：56-62.

[34] 项东红 . 数字媒体技术复活民俗艺术的价值研究 [J]. 传媒论坛 ,2019(14)：11-12.

[35] 傅冠斌 . 传统美术作品与数字化技术的融合与再创作 [J]. 艺术品鉴 ,2021(2)：157-158.

[36] 张继江 . 数字媒体艺术与影视创作的融合性探究 [J]. 北京印刷学院学报 ,2020(5)：55-57.

[37] 张玲 . 数字媒体艺术在中国传统文化包装中的应用 [J]. 轻纺工业与技术 ,2020(11)：102-103.

[38] 王秦 . 融媒体时代非遗惠山泥人数字化创新融合及表现方式探究 [J]. 天工 ,2022(14)：48-51.

[39] 鹿业斌 . 数字媒体艺术教学模式探索 [J]. 大观 ,2021(3)：113-114.

[40] 杨杰 1, 金花 2. 基于增强现实技术的含弓戏数字媒体艺术研究 [J]. 产业与科技论坛 ,2019(14)：47-48.

[41] 王凝 . 元宇宙驱动下的数字媒体艺术 [J]. 中国航班 ,2022(23)：40-43.

[42] 赵宇 . 数字技术与剪纸艺术的融合发展研究 [J]. 造纸信息 ,2022(4): 79-80.

[43] 徐峰 . 数字媒体艺术在地铁空间中的设计应用 [J]. 中国民族博览 ,2021(20)：192-194，198.

[44] 陈昕启 . 论数字媒体艺术的新意 [J]. 戏剧之家 ,2018(2)：73.

[45] 刘茜茜 . 浅析基于数字技术视域下的新媒体艺术设计 [J]. 中国科技纵横 ,2017(10).

[46] 赵倩瑶 . 当代数字媒体艺术与影视创作的深度融合探讨 [J]. 参花 (上),2022(9)：68-70.

[47] 张赛 . 基于数字媒体艺术的茶文化传播策略分析 [J]. 福建茶叶 ,2021(4)：285-286.

[48] 宋莉 . 数字媒体艺术及其表现元素探讨 [J]. 大观 ,2020(11)：81-82.